LA ALIANZA DE GAIA

Una Simbiosis Ejemplar Entre La Tierra Y La Vida

LA ALIANZA DE GAIA

UNA SIMBIOSIS EJEMPLAR ENTRE LA TIERRA Y LA VIDA

Ramón Fuentes
(Juan Manuel Valle)

A Maria Jesus, esposa y compañera

Mi agradecimiento a Emilio Chavarría Vargas, por su corrección lingüística y cuyo reencuentro, después de muchos años, propició que este libro saliera adelante.

Primera edición 2023

Imagen de portada:
Ramón Fuentes

©ARCHITECTHUM PLUS
Editores de libros en todo el mundo
architecthum.plus@gmail.com

ISBN 9798871544150

CONTENIDO

La **simbiosis** es quizás la asociación interespecífica más importante en la evolución de la vida en el planeta Tierra, que dio origen a la adquisición de los orgánulos citoplasmáticos tan importantes como la mitocondria y los cloroplastos y diferencio, muy al principio, los animales de los vegetales, e introdujo la respiración aeróbica, como la forma a más eficaz de utilizar la energía de la alimentación, lo que propició el salto a la pluricelularidad y a la adquisición de un mayor tamaño. Los seres vivos establecen vínculos y alianzas en su estrategia de lucha contra la entropía, si no con el afán de vencer a lo invencible, sí con el objetivo de cooperar juntos para retrasar o disminuir el deterioro y la erosión que provoca el envejecimiento.

Si observamos a la Tierra y la comparamos con sus planetas hermanos, notamos que el desarrollo de la vida, sobre todo la vegetal, puede conducirla a un estado que cuando menos, ralentiza sus procesos erosivos (biostaxia), frente a la ausencia de vida que activa estos procesos (resistaxia).

Pero ¿cómo se relaciona la erosión inevitable del planeta con su envejecimiento?

La Tierra posee un nivel de organización y una dinámica que se mantiene con una energía interna derivada de la masa (gravedad), de su calor primario de formación y posiblemente de la desintegración de elementos radiactivos.

Según la **Teoría de la Tectónica de Placas**, en su evolución emplea gran parte de esa energía en crear y reciclar continuamente, la corteza que forma el fondo de los océanos. En este proceso se genera otro tipo de corteza, que es la que forma los continentes, y que, por su composición, menos densa que la corteza oceánica, no se puede reciclar y regenerar. Esta corteza continental se va rompiendo, moviendo y colisionando, formando cadenas montañosas o cordilleras, que se adhieren a los continentes haciéndolos cada vez más grandes y gruesos, en detrimento de la corteza oceánica.

Como indicaré más adelante, la erosión puede favorecer la actividad tectónica de **Subducción**, el proceso por el cual se recicla la corteza oceánica, y, por tanto, reactiva la transformación de la energía interna del planeta en gruesa corteza continental. Dicho proceso continuara hasta que el tamaño y el grosor de esta corteza continental sea tan grande, que la Tierra no tenga ya la energía necesaria para poder seguir rompiéndola y moviéndola. La Tierra será entonces, un viejo planeta con una gruesa piel de corteza continental no reciclable, sin apenas corteza oceánica y sin los movimientos y dinámica de su juventud que reciclaban su piel oceánica.

En su lucha contra la velocidad de este proceso inevitable, la Tierra mantiene un estrecho vínculo, una **Alianza**, con la Vida, que se desarrolla sobre su corteza, de manera que la Tierra cuida, protege y potencia a la Vida, y ésta a cambio, retrasa su envejecimiento, ralentiza el aumento de la entropía del sistema Tierra.

La teoría de **la Tectónica de Placas** nos muestra a la Tierra como un planeta dinámico que "vibra y ruge", como consecuencia de exteriorizar la gran cantidad de energía interna que posee. Al hacerlo de la forma que lo hace, crea y mueve los continentes, uniéndolos y separándolos y provocando la emersión desde el fondo marino de los sedimentos allí acumulados, que formarán las grandes cadenas montañosas características de este planeta.

En este ensayo vamos a estudiar la evolución de la Tierra desde sus orígenes junto a sus hermanos y compañeros de viaje planetario, pero sobre todo vamos a analizar las enormes consecuencias que la Vida ha producido en el devenir de nuestro planeta Tierra. Vamos a comprobar como a lo largo del tiempo se ha establecido un vínculo o alianza ente la Tierra y la Vida de manera que los dos sistemas se protegen y estimulan su evolución conjunta, conformando este maravilloso Planeta Azul.

La teoría de la **Tectónica de Placas** es la gran teoría científica del siglo XX. Elaborada a lo largo de varias décadas por investigadores de varios países, no se le puede atribuir a ninguno en particular y sí a todos en su conjunto. Parece como si quisiera indicarnos que el conocimiento del funcionamiento geológico global de la Tierra no es patrimonio de nadie en particular, si no del esfuerzo y la investigación de científicos repartidos por varios lugares del planeta. Esta teoría nos enseña de qué manera la Tierra expresa y manifiesta su energía interna, ayudándonos a comprender mejor el aspecto y las peculiaridades de esta como planeta del Sistema Solar.

El contenido de este texto se hace en el marco científico al que me siento profundamente ligado como profesor de Biología y Geología. Ahora bien, mi propósito es enriquecer, en lo posible, la perspectiva científica con otra manera de ver unos mismos hechos. Pretendo que ambas formas de ver un mismo hecho no se excluyan, sino que se enriquezcan la una a la otra en aras del conocimiento, que al fin y al cabo es lo que busca el modelo científico. Es como conjugar poesía y ciencia, de manera que un mismo hecho pueda ser interpretado con el modelo racional científico y con el místico (de misterio) y existencial del alma humana. Ambas concepciones, ahora más que nunca, necesitan emprender juntas el camino del conocimiento. En estos tiempos de profundas transformaciones, la humanidad necesita no solo a la ciencia para mantener la forma de vida de su gran población, sino también el conocimiento de nuestro papel en este intrincado y misterioso Universo. Necesitamos comprender nuestra relación con la Tierra y con los seres que la habitan y nos acompañan en este viaje sin retorno por los confines del espacio sideral.

En esta comprensión deberá de encontrarse la respuesta al desasosiego que las rápidas transformaciones del Medio Natural producen en la conciencia humana. En una época tremendamente material y consumista, donde la religión y las ideologías van perdiendo protagonismo, el conocimiento de nuestro papel en la evolución de la Tierra, quizás pueda llevarnos a tener "otra visión" del "Misterio de la Vida".

CAPÍTULO I

Polvo de Estrellas

*"Cuando el Universo vibra consciente,
las ondas que se desprenden,
tarde o temprano, se sienten."*
(Anónimo)

En febrero de 1969, un meteorito cayó en la ciudad mexicana de Allende. Al poco tiempo los científicos descubren, que la roca que forma este fragmento de materia cósmica era la más antigua de las que existen sobre la faz de la Tierra. Su edad, calculada a partir de los elementos radioactivos que ésta posee, indican una cifra de 4566 +/- 2 m.a. (millones de años). Aunque los meteoritos que llegan a la Tierra giran en torno a esa cifra, ninguno, hasta el momento, había alcanzado esta edad. Estos fragmentos rocosos se formaron al mismo tiempo que el Sol y su corte planetaria. Confinados a recónditos lugares del Sistema Solar vagan por éste al pairo de la gravedad del Sol y los planetas hasta terminar colisionando con ellos.

No existen en la Tierra rocas propias tan antiguas, ya que su intensa actividad geológica destruye, modifica y reconstruye constantemente su superficie, de domanera que una roca de más de 3500 m.a., ya es muy sorprendente encontrarla. Concretamente las rocas más antiguas se encuentran en Groenlandia y tienen una edad de 3800 m.a. Pero ¿cómo se formaron las rocas y la materia que forman la Tierra, el Sol y los Planetas?

Para responder a esta tremenda pregunta, necesitamos la herramienta de la imaginación y el soporte de la ciencia. Con ellas podremos compilar los conocimientos físicos del comportamiento de la materia, la evolución estelar y el tiempo, y reconstruir en una exposición didáctica lo acontecido en millones de años terrestres. Haciendo este esfuerzo y rozando la leyenda, podemos recrear la génesis del Sistema Solar de la siguiente manera.

Hace casi 5000 m. a. en la parte media de la Galaxia "Vía Láctea" una enorme estrella, con un núcleo casi 10 veces mayor que el núcleo del Sol, está a punto de colapsar. Debido a su enorme masa y gravedad, la temperatura de su núcleo alcanza centenares de millones de grados centígrados. Bajo esas temperaturas y presiones, las reacciones de fusión nuclear producen elementos químicos pesados como el hierro y el magnesio, que no sirven como combustible, por lo que cesa la producción de energía que mantiene a las capas externas de la estrella alejada de su núcleo. Al cesar dicha energía y al llenarse el núcleo de elementos pesados, la estrella colapsa e implota, es decir, la masa, debido a la enorme gravedad de su núcleo tiende a caer sobre él aplastándolo y alcanzando elevadísimas densidades y temperaturas que acaban produciendo el tipo mayor de explosión conocida del Universo: ha estallado una Supernova.

La tremenda explosión proyecta al espacio la mayor parte de la masa de dicha estrella, una masa rica en elementos como hierro, magnesio, aluminio, calcio y carbono, entre otros, que se mezclan con las cenizas de antiguas supernovas y nebulosas ricas en hidrógeno que hay en los espacios interestelares de la Vía Láctea.

Hoy sabemos que el hidrógeno es el elemento primordial del Universo, el más sencillo y abundante y del que proceden todos los demás. Este elemento forma la materia prima de la mayoría de las estrellas como el Sol y los grandes planetas exteriores gaseosos (Júpiter, Saturno, Urano y Neptuno). Es muy abundante en nuestra Galaxia, extendiéndose por inmensas áreas miles de veces mayores, que la ocupada por el actual Sistema Solar, formando las **Nebulosas**, en cuyo interior también existen moléculas biatómicas simples como: agua (H_2O), dióxido de carbono (CO_2), amoniaco (NH_3), metano (CH_4), sulfuro de Hidrógeno (SH_2) entre otras. Por el contrario, la materia que forman los planetas interiores rocosos como Mercurio, Venus, la Tierra y Marte, así como los satélites de los planetas gaseosos, está formada por átomos más pesados como el hierro, magnesio, aluminio, calcio, silicio, oxígeno.

¿Cómo y dónde se crean estos elementos químicos? La respuesta a esta pregunta supuso uno de los mayores avances en el conocimiento y la evolución humana durante el siglo XX, dando origen a la llamada Era Atómica. En el horno termonuclear del interior de las estrellas, a temperaturas de millones de grados centígrados, es donde existe la *"piedra filosofal"* de la "fusión atómica", que transforma unos elementos ligeros, empezando por el Hidrogeno, en otros más pesados, y liberando una enorme cantidad de energía y haciendo brillar a la estrella.

Los científicos han logrado reproducir ese horno en la Tierra, creando el mayor y más destructivo ingenio que se halla fabricado jamás: la bomba de hidrógeno.

La siguiente pregunta que podríamos hacernos es: ¿por qué las cenizas de una supernova constituyen la materia prima de los planetas rocosos?

La respuesta es parcialmente obvia. Aunque en el horno termonuclear de una estrella como el Sol, se puedan producir los elementos químicos que forman los planetas rocosos, es evidente que no pueden salir de su núcleo sin que la estrella explote. Por otro lado, en los espectros de luz analizados de explosiones conocidas de supernovas, se identifican muchos átomos pesados del tipo de hierro, magnesio, aluminio, silicio, que son los más abundantes en la composición de los planetas rocosos como la Tierra.

Con las explosiones de supernovas no solo se produce una mezcla enriquecida en elementos pesados en las nebulosas, sino, más importante aún: una potente onda expansiva que provoca la excitación y el arremolinamiento de los átomos de esas nebulosas, imprimiéndoles una energía que puede desencadenar que estos átomos comiencen a unirse, chocando entre sí para formar agregados moleculares mayores. Este proceso continúa de manera imparable, ya que la gravedad de las partículas que se van agregando se hace más grande, a medida que su masa aumenta, así como su temperatura.

La reacción en cadena ya ha comenzado y la muerte de una gran estrella desencadena el nacimiento de otra, en un tiovivo cósmico donde el nacimiento y la muerte se entremezclan en la danza eterna de la Existencia.

Las colisiones y los agregados atómicos van aumentando, a la vez que la inmensa nube comienza a girar a gran velocidad sobre sí misma, como consecuencia también de la onda de choque de la explosión. Esta velocidad de giro hace que poco a poco la nebulosa se vaya aplanando, hasta alcanzar la forma de un gigantesco disco. En el centro de este disco se dispone más del 90% de la masa de la nebulosa original, pero ésta es tan grande, que alrededor del centro hay concentraciones de masa que forman agregados mayores. Puesto que la mayor parte de la masa está en el centro del disco giratorio, la gravedad dispone que los agregados más próximos sean los formados por materiales más densos, aquellos más ricos en hierro, magnesio, aluminio, etc., procedentes de las cenizas de la supernova. Más alejados se disponen los menos densos, los formados mayoritariamente por el hidrogeno de la nebulosa matriz. De esta manera se siembran las semillas de lo que será el Sol, en el centro, los planetas rocosos, próximos al centro y los gaseosos más alejados.

Y la danza cósmica continúa. Innumerables colisiones incrementan la masa por acreción, a la vez que su temperatura, haciendo que los futuros planetas vayan creciendo, todos bailando al ritmo de la gravedad, en la pista de baile del disco planetario que determina el plano de la eclíptica.

Si pudiéramos ver la escena, veríamos la enorme nebulosa planetaria aplanada y girando a gran velocidad. En determinados lugares de su estructura interna aparecerían núcleos más compactos, formados por agregados materiales de dos tipos: por un lado los mayoritarios de la nebulosa matriz de gases primarios (hidrógeno principalmente), constituyendo en su mayor parte el germen del Sol, en el centro del disco, y los planetas gaseosos exteriores en la periferia de la nube; por otro lado, los agregados materiales procedentes de las cenizas de la supernova, que se dispondrían próximos al centro del disco, formados por moléculas de átomos como hierro, magnesio, silicio, etc., que originarán en su mayoría los planetas rocosos interiores.

Bajo estas condiciones, en el centro del disco giratorio las colisiones aumentan la temperatura hasta llegar a decenas de millones de grados. Cuando se alcanza la temperatura crítica de cien millones de grados, comienzan los procesos termonucleares de fusión del hidrógeno, produciéndose la ignición de la masa central de la nebulosa: ha nacido una nueva estrella en la galaxia; ha nacido el Sol.

Al entrar el Sol en ignición, la potente radiación que desprende produce el barrido de todos los agregados materiales que no se habían incorporado a los cuerpos mayores, que formaban los incipientes planetas.

De esta manera quedan confinados a los arrabales del Sistema Solar, lo que hoy conocemos como asteroides y cometas. Los primeros formados por materiales rocosos densos (silicatos de magnesio y hierro), restos de las cenizas de la supernova; los segundos formados por materiales ligeros (hielo y moléculas sencillas de carbono, nitrógeno, etc.) de la nebulosa matriz. Hoy día estos cuerpos se encuentran más allá de la órbita de Neptuno, último planeta del Sistema Solar, formando el cinturón de Kuiper y la nube de Oort.

El Sistema Solar ha nacido, y los planetas así formados ocupan sus respectivos lugares en la estructura de éste, pero los bombardeos y la acreción continua.

Los desechos de la nebulosa, asteroides y cometas son lanzados con regularidad hacia el sol, como consecuencia de las interacciones gravitatorias entre este y las estrellas próximas. En su camino muchos de estos cuerpos serán capturados por los potentes campos gravitatorios de los planetas mayores, convirtiéndose en sus satélites. También durante esta época se producen enormes colisiones, algunas capaces de destruir planetas, como posiblemente el planeta rocoso que hubo entre Marte y Júpiter. Los fragmentos de esta colisión nunca más se reagruparon, ya que la influencia gravitatoria de Júpiter, el mayor planeta del Sistema Solar, lo impidió. En su lugar quedaron como testigos el llamado "cinturón de asteroides", que marca la frontera entre los dos tipos de planetas del Sistema Solar: interiores rocosos y exteriores gaseosos.

Por esta época, la Tierra sufre un evento que marcará profundamente su destino. Un enorme asteroide, casi del tamaño del planeta Marte, colisiona con la joven Tierra. De este colosal cataclismo nacerá la Luna. La Tierra se convierte en el único planeta interior con un satélite rocoso en su órbita. (Marte posee dos pequeñas masas de hielo orbitando a su alrededor: Fobos y Deísmos).

El nacimiento de la Luna podría haber sido así:

Un gran asteroide rocoso surca el espacio a gran velocidad. Atraído por la gravedad de la joven Tierra, y con la energía sideral que se le imprimió en su nacimiento, choca con esta penetrando en su interior. La furia del impacto es tan vigorosa, que hace temblar los cimientos de la propia creación, lanzando al espacio una gran cantidad de materia de la propia Tierra. Pero, por el contrario, lejos de traer la destrucción provoca el nacimiento de un nuevo astro. De las entrañas de la Tierra nació la Luna. Como una hija acompaña a su madre en sus primeras etapas, manteniendo una cercanía determinada por la fuerza de gravedad que las une. Pero, como una hija que crece y madura, también esta fuerza establece que se vaya alejando cada vez más, y quién sabe si otro enérgico asteroide se la llevara algún día, a bailar la danza cósmica en otro reino planetario.

La Luna, hija y compañera de viaje de la Tierra originada de sus entrañas

Sabemos que, al principio de su existencia, su órbita, estaría más cerca de la Tierra y su aparición en los cielos terrestres debió ser un espectáculo de poderosa belleza. Con el tiempo se ha ido alejando más, hasta alcanzar la órbita y distancias actuales. Su futuro, en un Universo inconmensurable, lleno de acontecimientos inesperados, entra en el terreno de lo misterioso.

Hoy día conocemos mejor el profundo vínculo que existe entre la Tierra y la Luna. Sabemos que su influencia hace subir y bajar las masas oceánicas, dos veces al día, originando las mareas; así mismo regula los ciclos de crecimiento de los seres vivos; atempera y suaviza el clima de la Tierra; su influjo provoca la inspiración de nuestros mejores poetas y ha sido y seguirá siendo madrina de nuestros más bellos amores. Nada sería igual en la Tierra sin su presencia.

Los primeros tiempos del Sistema Solar fueron muy violentos, como lo atestiguan los cráteres de impacto que poseen casi todo los satélites y planetas rocosos. Grandes colisiones se debieron de registrar también en la Tierra, enriqueciéndola con nuevos materiales. Los impactos de asteroides ligeros de la nebulosa matriz, ricos en agua (H_2O), dióxido de carbono (CO_2), amoniaco (NH_3), metano (CH_4), sulfhídrico (SH_2), alcohol etílico (CH_2OH—CH_2OH), e incluso algún aminoácido, ayudaron a enfriar la incandescente superficie y formaron una espesa atmósfera reductora que apenas dejaría pasar los rayos solares. Estos asteroides de hielo trajeron el agua y posiblemente las semillas de la Vida, pero las altas temperaturas de su superficie quizás impedirían su desarrollo, en aquella época.

Estas primeras etapas eran principalmente de enfriamiento y de formación de una hidrosfera. Lagos y mares poco profundos y calientes empezaron a cubrir la superficie de la Tierra a medida que continuaban llegando estos asteroides de hielo. Los pequeños mares y lagos se unieron para formar los primeros océanos, enfriando aún más la superficie y empezando a formar una delgada corteza sólida bajo sus aguas someras.

Debieron de producirse enormes cantidades de vapor de agua con la llegada de nuevas oleadas de asteroides de hielo, contribuyendo a crear una gruesa atmósfera, parecida a la de la actual Venus, que impedía que los rayos solares llegaran con plenitud a la joven Tierra cubriendo su superficie de oscuridad.

Parece lógico pensar que al igual que esos asteroides de hielo llegaban a la Tierra, también debieron de hacerlo a sus vecinos más próximos, a Mercurio, por ejemplo, donde dada su proximidad al Sol y por tanto su alta temperatura, haría que el agua se volatiliza con rapidez y, por otra parte, dada su reducida masa impediría que su gravedad retuviese gases, que escaparían al espacio sin posibilidad de crear una atmósfera.

Con respecto a Venus y Marte, sus masas y distancias al Sol parecen que le proporcionaron unas evoluciones diferentes.

A Venus, por causas que nos son desconocidas, la evolución parece haberse detenido en esta etapa. Así este hermoso planeta, gemelo de la

Tierra, en cuanto a masa, conserva una gruesa atmósfera que nos impide ver su superficie y que refleja la luz del Sol de tal manera, que constituye el astro más brillante de nuestro firmamento.

Marte tuvo otro destino, marcado por su pequeña masa. Quizás no tuvo la fuerza de gravedad suficiente para retener mucho tiempo una atmósfera, y aunque el agua líquida y posiblemente la vida, corrieron alguna vez por su superficie, ambas desaparecieron o quedaron confinadas a lugares profundos en el interior de su superficie, manteniéndose oculta de una manera que nos es desconocida, por ahora. Este hecho marcará su evolución planetaria y podría haber ocasionado que este pequeño planeta posea unas manifestaciones de su energía interna tan descomunales: El Monte Olympus, constituye el volcán más grande del Sistema Solar, con sus más de 27 Km. de altura; el "Valle Marineris" constituye una grieta o falla que con sus 4.500 Km. de longitud, 200 de anchura y 11 de profundidad, también marca el récord en el Sistema Solar.

¿Por qué un planeta tan pequeño como Marte presenta este derroche de su energía interna? Cuando analicemos la evolución de la energía interna de la Tierra, en los próximos capítulos, quizás podamos comprender mejor una posible respuesta a esta inquietante pregunta. Pero continuemos analizando qué pudo haber ocurrido en las primeras etapas de la vida de la joven Tierra.

Como los geólogos saben, la mayoría de los grandes acontecimientos que se han desarrollado en el planeta están grabados en sus rocas. La misión de los geólogos es un tanto detectivesca y consiste en intentar desvelar el misterio de lo acontecido en el pasado, observando y analizando las pruebas que se encuentran a veces de manera imperceptible en las rocas y minerales. El problema estriba en que al principio de esta fascinante historia no había rocas y de las primeras apenas hay vestigios, pues la intensa actividad de las capas fluidas de la Tierra (atmósfera y el agua) han destruido esas primeras capas sólidas.

De los aproximadamente 4.500 millones de años de la historia de la Tierra y del Sistema Solar, se empieza a tener constancia de sucesos, a partir de los 3800 millones de años, de manera que se considera que hubo de transcurrir un periodo de casi 1000 m.a. para que se consolidara la superficie del planeta y se formara una corteza rocosa sustancial.

Lo llamativo de las escasas rocas de este periodo que han llegado a nuestros días, es que no contienen metales oxidados. Y eso es muy raro, pues el oxígeno es un elemento químico ávido de robar electrones a otros elementos, con los que se une. En verdad, que la vida en la Tierra esté adaptada a un elemento químico tan "dañino", que casi todo lo que contacta con él lo corroe, robándole sus electrones y debilitando su estructura atómica, es bastante peculiar.

Pero este fenómeno fue una obligación impuesta por las circunstancias que se dieron en esta etapa de la evolución. Efectivamente, el oxígeno no abundaba en la atmósfera de la Tierra en sus primeras etapas, de manera que esta atmósfera, lejos de ser oxidante como la actual, era reductora y su composición tendría una estructura parecida a la siguiente:

- H_2O. Grandes cantidades de vapor de agua, procedentes de la sublimación de los asteroides de hielo que bombardeaban la Tierra, y de la evaporación de los primitivos mares.
- H_2S. Sulfuro de Hidrógeno y otros gases derivados del azufre, procedentes de las emanaciones volcánicas en un planeta con una intensa actividad volcánica.
- H_3N. Amoniaco y otros gases derivados del nitrógeno, procedentes igualmente de la actividad volcánica.
- CO_2, CO y otros compuestos de Carbono, procedentes de la sublimación de los asteroides de hielo y de la actividad volcánica

Probablemente estos eran los principales gases que envolvían la Tierra en esa época, y formaban una espesa capa que apenas dejaba pasar los potentes rayos de un Sol joven y vigoroso.

Bajo esas condiciones aparece la Vida en la Tierra, como lo revelan las rocas sedimentarias encontradas en Groenlandia de 3.800 m.a. y algo más tarde en Australia 3.500 m.a.

Uno de los grandes debates de las ciencias es: ¿cómo apareció la Vida en la Tierra? Esta pregunta, como todas aquellas que se refieren a una época tan remota, nunca podrán resolverse con absoluta seguridad y siempre serán objeto de hipótesis sustentadas en indicios o hechos observados las que desarrollen las teorías más posibles o convincentes.

A mediados del siglo pasado el modelo del bioquímico soviético Aleksander I. Oparín, así como la posterior experiencia del estudiante Norteamericano Stanley L. Miller, proponían que la Vida en la Tierra se originó de manera espontánea, bajo las condiciones atmosféricas antes expuestas y absolutamente regida por las "Leyes del Azar". Vida a partir de la No-Vida, aunque la probabilidad de que las moléculas inorgánicas existentes se unieran, para formar la molécula de ácido nucleído (ADN, o ARN), capaz de sintetizar la más elemental de las proteínas (molécula primordial de la Vida terrestre), fuera la misma que la de lanzar un dado un millón de veces y que saliera siempre una misma cara.

Pero como dijo Einstein: "Dios no juega a los dados con el Universo", y la leyenda de Frankenstein, no es más que eso, ya que jamás se ha logrado crear Vida partiendo de la materia inanimada, a pesar de los sofisticados medios que la ingeniería química posee hoy día, ni siquiera juntando los componentes más complejos y vitales como el ADN o los enzimas que regulan su funcionamiento. A veces es difícil discernir entre la propia Vida y los mecanismos materiales, a través de los cuales se expresa ésta.

La llegada del cometa Halley en 1986, su observación y análisis científico, así como la de otros cometas o asteroides de hielo, observados con las sondas espaciales, muestran que estos astros son grandes bolas de "hielo sucio", entendiendo esta suciedad como la formada por moléculas orgánicas e inorgánicas sencillas, algunas de ellas sorprendentes como aminoácidos no biológicos, hidrocarburos y dióxido de carbono. La existencia de estas moléculas, unido a la posibilidad de que éstas pudieran superar un impacto en la Tierra sin deteriorarse, está abriendo la posibilidad de que los cometas no solo trajeran agua y moléculas de carbono a la Tierra, sino que también pudieran haber traído la Vida en forma de esporas o "cápsulas" de resistencia que muchas bacterias pueden adoptar.

Y siguiendo este razonamiento hacia atrás, ¿Pudo la Vida, expandirse o propagarse de estrella en estrella, mediante las explosiones de supernovas? Todo dependería de donde estuviera la Vida, en relación con la estrella.

Si una estrella próxima al Sol explotara como supernova, posiblemente las atmósferas de los planetas interiores serían barridas; y con ellas los miles de formas microscópicas de vida que existen en la atmósfera terrestre. Puede que de esta manera la vida se extendiera de los planetas interiores a los exteriores, en el caso del Sistema Solar. En el caso de planetas asociados a otro tipo de estrellas, las esporas microscópicas podrían integrarse en nebulosas interestelares y de aquí a asteroides de hielo o cometas, viajando por el espacio y sembrando la Vida por el Cosmos desde "Dios sabe cuándo".

Nadie sabe con precisión cuanto tiempo pueden durar las esporas bacterianas en estado de "vida latente". Si las semillas de una planta superior pluricelular como la Magnolia, es capaz de sobrevivir más de 2000 años antes de germinar (es el caso constatado de mayor duración de una semilla), una espora microscópica puede multiplicar esa cifra muchas veces. Y no faltan en el Universo lugares donde germinar, pues cada vez son más los planetas descubiertos y solo se descubren los mayores, de un tamaño similar al de Júpiter.

Pensar que en un Universo donde hay más estrellas que granos de arena en todas las playas de la Tierra, la Vida se da solo aquí, es volver a considerarse centro de este, negando la profunda revolución del pensamiento que supusieron las ideas de Copérnico, Kepler y Galileo, que sentaron las bases de que somos "Uno más", en este insondable y maravilloso Universo.

Sea como fuere, la "Vida" empezó a desarrollarse en la Tierra hace más de 3.000 m.a. y los cambios que produjo marcarían la evolución de nuestro planeta, estableciéndose un estrecho y fuerte vínculo entre ambos, una "simbiosis" en donde cada uno le aporta al otro, cualidades que no posee y que en su conjunto los dos se benefician.

Así la Tierra dio cobijo a la Vida, la protegió y la dotó de los recursos necesarios como para lograr una evolución, que la llevaría a tener una variabilidad y diversidad inusitada. Con un potencial ilimitado, la Vida se ha desarrollado en todos los medios del planeta (acuático, terrestre y aéreo). Con la fuerza y determinación que le imprime su diseño genético, ha logrado modificar las rudas condiciones ambientales de las primeras épocas por otras más acordes a sus necesidades, de tal manera que, ha convertido a la Tierra en un "Oasis" sideral, frente a la inmensidad desértica de los alrededores.

Y la Vida ha dado a la Tierra la formación de una cubierta biológica en su capa más externa, que ralentiza los procesos erosivos y aminora el ritmo de Subducción, proceso por el que se genera corteza continental y disipando de forma muy rápida la energía interna, lo que provoca un envejecimiento del Planeta. La Vida frena el aumento del grado de entropía del "Sistema Tierra" y favorece la evolución y continuidad de sus capas fluidas, atmósfera e hidrosfera.

En esta interacción los cambios inducidos por ambos han sido enormes y así, tanto la Tierra como la Vida han evolucionado profunda y conjuntamente desde el comienzo de esta extraordinaria relación.

Las primeras formas de Vida en la Tierra eran muy sencillas, por supuesto microscópicas y unicelulares, sin sistemas de membranas internos y, por tanto, sin protección para su, también sencillo material genético. Estas formas de vida continúan hoy día su andadura por este planeta y se clasifican como organismos procariotas, o sea, anteriores a la creación de un núcleo celular, donde se aísla y protege el material genético, que es como el "disco duro" del ordenador biológico, que se transmite de generación en generación. Están representadas hoy día por las bacterias y a decir por su proliferación y resistencia a los cambios ambientales, el primitivismo de su estructura no está reñido con su enorme potencial biológico.

Aparecieron estos organismos en una Tierra muy diferente a la actual, con una atmósfera compuesta de gases reductores como sulfhídrico, metano, amoniaco, dióxido de carbono, con unos niveles, este último, 300.000 veces superiores a los actuales. La espesura de esta singular atmósfera impedía que los rayos solares la atravesaran, haciendo que la oscuridad y la penumbra impusiera su dominio sobre la superficie de la joven Tierra.

La primera necesidad de un ser vivo es conseguirse alimento y en el ambiente antes descrito eso era una verdadera proeza, pues no había materia orgánica, ni luz suficientemente eficaz para fabricarla, como hoy día lo hacen las plantas y bacterias fotosintéticas. Solo había un mundo mineral inorgánico y por tanto de él debían de obtener la energía para fabricar las grandes moléculas de carbono, que son la base de la estructura de la Vida y de su metabolismo. La manera en que obtenían la energía para sintetizar dichas moléculas, se le conoce como Quimiosíntesis, un proceso complejo que utiliza el movimiento o trasiego electrónico que se producen en la oxidación de los metales y compuestos inorgánicos como el sulfhídrico. Este proceso aún lo realizan las bacterias que habitan en la más absoluta oscuridad, en el fondo del mar, en las Dorsales oceánicas, en condiciones extremas de altas temperaturas y ambientes muy enrarecidos de las emanaciones volcánicas submarinas. Como testigos de otras épocas, las bacterias quimiosintéticas que habitan en la actualidad nos muestran las formas de Vida que debieron de existir en la primitiva Tierra.

Pero algo también inusual en la actualidad, marcaba el metabolismo de estos primitivos seres. Para la mayoría de los seres vivos actuales, el oxígeno es un elemento vital para su existencia. Por su gran afinidad electrónica, constituye el receptor final de los electrones que se van desprendiendo de la materia, a medida que el metabolismo la degrada para obtener su energía. Posteriormente este oxígeno, con electrones de más, se unirá a los protones, producidos también en la degradación de la materia orgánica, para formar agua, que es un producto de la respiración de la mayoría de las células de los seres vivos que habitan la Tierra en la actualidad.

Para aquellos seres primitivos el oxígeno, no solo era un elemento extraño, sino también nocivo, estando su metabolismo adaptado a otras moléculas como receptores de los electrones, produciendo una gran variedad de compuestos metabólicos finales. Estos procesos continúan en la actualidad y se les conoce como *respiración anaeróbica* y son característicos de algunas bacterias y levaduras con pocos requerimientos energéticos.

Para sintetizar las grandes moléculas orgánicas, bien para alimento, bien para el crecimiento y la renovación de las estructuras biológicas, los seres vivos necesitan dos átomos fundamentales: carbono e hidrógeno. El primero lo obtendrían del dióxido de carbono que era tan abundante en la atmosfera primitiva; el segundo no podían obtenerlo de su mayor fuente, el agua, pues desprendería oxígeno, y éste era toxico para ellos. Su fuente principal sería los compuestos de hidrogeno como amoniaco, sulfhídrico y metano, también abundantes en la atmosfera. Pero una fuente tan generosa como el agua no se puede desdeñar y a medida que la atmosfera se iba haciendo más diáfana y permeable a los rayos solares, la posibilidad de romper la molécula de agua mediante la energía solar, aún a costa de neutralizar los efectos adversos que el oxígeno pudiera producir, era algo que merecía la pena intentar.

Los seres que lo intentaron y consiguieron, lograron una fuente casi inagotable de hidrógeno mediante una energía cada vez mayor que se iba imponiendo inexorablemente, a medida que la luz ganaba el pulso a las tinieblas. Paralelamente al dominio de la luz sobre la superficie terrestre, estos sencillos e intrépidos seres, fueron proliferando y expandiéndose y con ellos, el oxígeno, que como elemento de desecho desprendían, empezó a ser un serio problema.

Pero como dice el refrán: "a grandes males, grandes remedios", y qué mejor remedio que adaptarte a lo que te perjudica, dándole la vuelta a la situación y sacándole incluso provecho, pues la utilización de oxígeno incrementa notablemente el rendimiento energético del metabolismo de estos seres, haciéndolos más activos y rápidos en su crecimiento y posiblemente en sus respuestas.

Al final estos seres, en una de las más notables adaptaciones biológicas que sobre el planeta se ha dado, consiguieron hacerse como las formas de Vida dominante, en consonancia con un medio ambiente lleno de luz y gases agresivos.

La revolución del oxígeno y del metabolismo aeróbico, produjo profundos cambios sobre el planeta y así la atmósfera pasó de reductora a oxidante, y los óxidos de los metales como el hierro empezaron a acumularse en los mares y océanos de la Tierra, formándose nuevos minerales y rocas donde dejar constancia de estos eventos.

La transformación que la Vida empezaba a causar en la Tierra no había hecho más que empezar, y un nuevo campo lleno de inauditas y asombrosas oportunidades se levantaba ante los sentidos de los nuevos exploradores.

El Sol 4500 millones de años despues, sigue brillando dando luz y calor a su corte de planetas.

CAPÍTULO II

"LA PIEL DE LA TIERRA"

Las agüitas de los ríos,
a mí me han de llevar
al Océano Infinito
en un viaje sin igual.

La característica más sobresaliente del planeta Tierra es la existencia de **Agua** en abundancia en sus tres estados, sobre todo en el estado líquido, ya que no existe ningún planeta conocido con océanos de agua líquida.

El Agua, a pesar de sus propiedades de incolora, inodora e insípida, no es químicamente amorfa y su poder de actuación sobre lo que con ella contacta, la convierte en un gran agente químico. De hecho, se la define como el "disolvente universal". Dicho de otro modo, en el Universo conocido no existe un disolvente tan poderoso (en cuanto al número de sustancias que puede disolver), como el agua.

Todo lo que existe sobre la superficie de la Tierra está afectado en mayor o menor medida por el agua. La mayoría de las rocas y los minerales de la corteza terrestre, llevan la marca de haber estado, en algún u otro momento, en contacto con ella.

La Vida nació en el seno del agua, y depende tanto de ella que los seres vivos que hemos abandonado el medio acuático lo hemos hecho convertidos en "burbujas de agua", aisladas por una gruesa capa externa que evita su perdida.

Es como si reprodujéramos el "océano matriz" en el interior de nuestras estructuras vivas.

Es paradójico que un potente agente de disolución, que incrementa el desorden molecular de las sustancias con la que contacta, sea el soporte de la mayor organización molecular conocida, como es la estructura química de la Vida.

La respuesta está en parte en que el agua tiene una preferencia por disolver las moléculas con enlaces iónicos, los enlaces mayoritarios del mundo inorgánico mineral, mientras que los compuestos orgánicos derivados del carbono establecen enlaces covalentes, más difíciles de romper por el agua. Pero como indica la cancioncilla del encabezamiento de este capítulo, solo es cuestión de tiempo que el agua ejerza su acción de disolvente sobre todo lo que existe sobre la faz de la Tierra.

La afectación del agua a las rocas y minerales ha sido y es de tal magnitud, que ha llegado a diferenciar, a lo largo del tiempo, los dos tipos de cortezas o capa externa de la Tierra: **la corteza continental y la corteza oceánica**.

Para comprender bien esta diferencia de los materiales que forman la "piel de la Tierra", analicemos de qué manera está hecha esta "piel", o sea, como es la estructura sólida del planeta.

Si los minerales representan la forma más común de manifestarse la materia en estado sólido en la Tierra, las rocas serian la forma más común que tienen los minerales de presentarse en la superficie del planeta. De hecho, las rocas se definen como un "agregado mineral", o sea un conjunto de minerales unidos por un origen común.

Es posible que la Tierra posea la mayor variedad de minerales y rocas del Sistema Solar (para sufrimiento de los estudiantes de geología), ya que posee tres ingredientes formadores de rocas, que no existen en los otros mundos, como son:

- La existencia de agua en sus tres estados físicos.
- Una atmósfera muy dinámica, rica en un elemento como el Oxígeno, que es un potente agente químico.
- La existencia de una Vida prolífica y diversa.

No obstante, para alivio también de esos estudiantes, todas esas rocas y minerales se clasifican solo en tres grupos, dependiendo de su manera de formarse. Dicho de otro modo, solo existen tres maneras de originarse rocas en la Tierra (y posiblemente en el Sistema Solar):

- A partir del enfriamiento y consolidación de un material viscoso y caliente denominado Magma, que circula por el interior de la Tierra como su principal fluido. Las rocas y minerales así formados se denominan Magmáticas o también Ígneas ("de fuego"), por estar formados a altas temperaturas. Se incluyen aquí rocas tan abundantes en los continentes como los Granitos, o los Basaltos en los océanos y sus islas, o las más escasas, pero de gran trascendencia, como la densas Peridotitas. Evidentemente estas son las rocas primarias de las que, de una u otra manera, derivan todas las demás.

- Otra manera de formarse rocas en el planeta es debido a la interacción de las capas fluidas externas (atmósfera e hidrosfera), con las rocas preexistentes. Esa interacción se realiza a lo largo del tiempo y mediante la erosión de las rocas preexistentes, el transporte de los materiales erosionados, y la sedimentación en cotas más bajas de esos materiales transportados, principalmente en mares y océanos. Se les denomina rocas Sedimentarias y son las más representativas de este planeta, no solo porque pueden albergar restos de vida (fósiles) en su interior, sino porque son el producto de esos tres factores anteriormente expuestos, (agua, vida y oxígeno) que tan marcadamente identifican a la Tierra. De todas ellas, las rocas Calcáreas o Calizas son las más representativas, ya que su matriz, formada por el mineral "calcita" (Carbonato de Calcio CO_3Ca), es un producto del metabolismo de la mayoría de los seres vivos marinos, llegando a formar las mayores estructuras biológicas del planeta, como son los Arrecifes de Coral. Las Arcillas rivalizan con las calizas a ser las rocas terrícolas más genuinas y, en verdad, podrían también ganar esta apuesta, ya que las Arcilla, (los Barros), se las podrían definir como "la nata" de la Tierra, pues proceden de la interacción del agua con cualquier tipo de roca. Ambas, Calizas y Arcillas se forman por sedimentación en "océanos de agua líquida", y el único planeta del Sistema Solar que los posee es la Tierra.

- La última manera en la que se puede formar rocas es por transformación de cualquier otra roca, al aumentar la presión y la temperatura, sin llegar a destruirse. Son las rocas Metamórficas, como el mármol o las pizarras (esquistos). Por esa razón, el no llegar a destruirse completamente, sino a transformarse, se engloban aquí a las rocas más antiguas de la Tierra, las que forman los llamados escudos continentales, como el australiano, el Sudafricano o el Canadiense, áreas muy antiguas y erosionadas que constituyen el núcleo de los grandes continentes.

Imagen donde se muestran los tres tipos de rocas que forman la corteza de la Tierra: sedimentarias, ígneas y metamórficas. Serranía de Ronda (Málaga).

A pesar de que todas las rocas pueden estar distribuidas por la superficie del planeta formando un puzle o mosaico, a veces difícil de interpretar por los geólogos, existe una gran diferencia entre las rocas que forman los continentes y las del fondo oceánico. Tanto unas como otras, las continentales y las oceánicas, forman la parte más externa de la Tierra denominada **Corteza**, de las tres partes que los científicos han permitido diferenciar en la constitución del planeta: **Corteza, Manto** y **Núcleo**.

De esas tres partes de la estructura terrestre, la corteza es la mejor conocida y la única que se ha explorado directamente, ni del Manto ni, por supuesto, del Núcleo se han obtenido muestras directas, y todo lo que conocemos es a través de pruebas indirectas, sobre todo del estudio de la transmisión y comportamiento de las ondas sísmicas que se liberan en las más de dos mil veces de promedio que la Tierra vibra anualmente.

De los 6370 Km. que tiene el radio de la Tierra, la corteza ocupa solo un máximo de 70 Km., siendo más gruesa en los continentes y muy delgada (a veces apenas 5 Km.) en los océanos.

El Manto abarca casi 3000 Km. de espesor y su composición sería parecida a las verdosas y densas rocas Peridotitas, que ocasionalmente afloran en la corteza. Su función es semejante a la de los tejidos conjuntivos animales o a los parenquimáticos vegetales, capaces de originar casi cualquier otro tipo de tejidos, según las necesidades. Del manto y de sus peridotitas proceden las rocas magmáticas primigenias que formaron la primitiva corteza de la Tierra y, en la actualidad, las rocas magmáticas basálticas que forman el fondo de los océanos.

El Núcleo, de más de 3400 Km. de espesor, es el corazón del planeta. Compuesto, al parecer, de una aleación metálica rica en hierro, níquel y otros metales, es responsable del misterioso y dinámico **campo magnético terrestre**. Estas fuerzas magnéticas se producen como consecuencia del movimiento de esa aleación metálica, que a modo de fluido circula por su interior. Este campo de fuerzas magnéticas afecta a la orientación de los minerales metálicos que forman determinadas rocas y su influencia en ellas queda grabada, "fosilizada", de manera que, a través del estudio de estas rocas, podemos ver la evolución del magnetismo a lo largo de la historia de la Tierra.

La dirección de las fuerzas magnéticas genera una polaridad, determinando la existencia de un eje imaginario, el eje magnético, que actualmente se encuentra próximo al otro eje, el de rotación, que nos marca el Norte geográfico. Pues bien, el movimiento del eje magnético a lo largo de la historia de la Tierra ha sido de tal magnitud, que convierte al Núcleo en una de las partes más activa del planeta. A este misterioso movimiento del eje magnético hay que sumarle el todavía más misterioso cambio de polaridad de dicho eje. Actualmente las fuerzas magnéticas salen del polo Sur y se dirigen, envolviendo la Tierra, hasta el polo Norte, donde penetran hacia su interior, cerrando el circulo que forma la esfera magnética. Pero el estudio de las rocas afectadas por el campo magnético del pasado, revelan que no siempre ha sido así y las fuerzas magnéticas han invertido muchas veces su polaridad, saliendo por el polo Norte y entrando por el polo Sur. Solo en los últimos 3,5 millones de años, ha habido 10 inversiones de la polaridad del campo magnético terrestre.

La inversión de la polaridad magnética queda muy bien reflejada en las rocas basálticas que forman el fondo de los océanos y este hecho constituye una de las pruebas fundamentales en la que se basa la teoría de la "Tectónica de Placas", evidenciando con claridad el movimiento del fondo oceánico y, por consiguiente, el de los continentes a lo largo del tiempo.

Al igual que con la movilidad del eje, la inversión de la polaridad magnética ha sido y es uno de los mayores misterios que la Tierra encierra, mostrándonos un interior mucho más activo y dinámico de lo que nos muestran los modelos gráficos al uso, en donde al planeta se le divide en tres esferas concéntricas, identificando a cada una con la corteza, el manto y el núcleo respectivamente, a semejanza de una gran bola estratificada de rocas y agua girando por los fríos espacios siderales.

Pero los geólogos saben que el interior de la Tierra es mucho más complejo que el que enseñan los modelos didácticos. En los muchos libros de texto de geología, que por mi trabajo he consultado, he podido comprobar como no existe uniformidad en torno a esta cuestión y el número de capas aumenta o disminuye cada vez que nuevos geofísicos analizan los registros sísmicos.

Así, en la euforia del inicio de la teoría de la tectónica de placas, se quiso ver la existencia de una nueva capa semifluida en el manto superior llamada astenosfera, la cual daría el soporte y la movilidad a las rígidas placas corticales. Hoy día dicha capa es cuestionada, hasta el punto de que ha desaparecido de los nuevos libros de texto.

En lo que si hay uniformidad es en el establecimiento de esas tres regiones internas de la Tierra (Corteza, Manto y Núcleo), luego cada región posee muchas variaciones en cuanto a su composición, estructura, estado físico y dinamismo, haciendo que la Tierra sea un planeta con un interior complejo, dinámico y misterioso.

De esas tres zonas, la Corteza es la que más relevancia posee para los seres vivos, y sin duda la mejor conocida por nosotros, pero a pesar de todo, de sus pocas decenas de kilómetros de espesor máximo, tan solo el hombre ha excavado y descendido 3,5 km. en la mina de East Rand, Sudáfrica; y aunque se han hecho perforaciones mayores, de hasta 12 kilómetros, las enormes presiones tapan el agujero al poco tiempo, reconfigurando las rocas a una velocidad muy superior a la esperada.

Pero lo más llamativo y sorprendente de la corteza terrestre es su clara diferenciación entre la corteza que forma los continentes (**corteza continental**) y la que forma el fondo de los océanos (**corteza oceánica**).

La magnífica cartografía del fondo marino realizado por Marie Tharp y Bruce C Heezen en la década de los 70, nos permitió conocer lo diferente que es la geología de los continentes y de los océanos. Una diferencia no solo de constitución y edad de sus rocas, sino también de su estructura geológica. Esta diferencia, que por un lado salta a la vista cuando se observa la Tierra y se compara con los otros planetas rocosos, no solo se debe a la existencia de una gran masa de agua encima de la corteza de los océanos, sino y sobre todo a su diferente constitución geológica.

Si pudiéramos quitar las aguas de los océanos, el suelo oceánico seguiría hundido formando una cubeta o cuenca, en relación con la corteza continental. La razón de esta depresión oceánica radica en que las rocas que forman ambas entidades, océanos y continente, poseen diferentes densidades, siendo las oceánicas más densas y las continentales más ligeras, de ahí el hundimiento de aquellas con respecto a estas.

Los diferentes tipos de rocas y materiales que forman la Tierra se han estructurado, a lo largo del tiempo, bajo la influencia de su campo gravitatorio, disponiéndose en función de su densidad: los más densos más profundos y los más ligeros más superficiales. De manera que los materiales más densos de la Tierra se encuentran en su Núcleo y los más ligeros en su superficie, o flotando sobre ella como lo está la Atmósfera.

Hasta que los científicos bajaron al fondo del océano, y lo hicieron casi cuatro años después de que el hombre pisara la Luna, se pensaba que éste estaba formado por los mismos tipos de rocas presentes en los continentes y que su hundimiento se debía, casi exclusivamente, a soportar el peso del agua.

Pero la sorpresa fue enorme cuando descubrieron que no había, en el fondo oceánico, ni rocas Metamórficas, ni Granitos, ni las plegadas y contorsionadas rocas Sedimentarias, ampliamente representados en los continentes. Por el contrario, el fondo del océano era monótono en su constitución geológica, formado casi exclusivamente por rocas Ígneas volcánicas tipo Basalto.

Esta diferencia de constitución entre el océano y los continentes es una de las señas de identidad más importante de la Tierra como planeta del Sistema Solar, definiendo los dos tipos de Corteza que forman su piel: la **Corteza Continental** y la **Corteza Oceánica**.

Las rocas que forman ambas cortezas tienen diferentes densidades, siendo los Basaltos más densos, como cabría esperar, que los Granitos y las otras rocas continentales. Esto hace que aquellos se hundan con respecto a estos y así, las depresiones oceánicas tienen su origen en la diferencia de densidad de las rocas que forman el suelo del océano en relación con las elevaciones continentales.

La teoría de la Isostasia, que no es otra cosa que la aplicación del "principio de Arquímedes" al equilibrio entre los diferentes tipos de densidades que presentan las rocas de la corteza terrestre, y con un tiempo de respuesta también a escala geológica, nos dice que las rocas menos densas "flotan" sobre las más densa estableciendo una "raíz" proporcional a su masa. Es decir, los continentes "flotan y se enraízan", al estar formados por rocas menos densa que las que tienen bajo de ellos.

Este concepto de flotabilidad de los continentes es de suma importancia en su formación y evolución, así como para comprender las consecuencias que la "tectónica de placas" provoca en la dinámica de la corteza terrestre.

Y aquí viene ahora la gran cuestión: ¿Por qué son tan diferentes las rocas que forman la corteza en los continentes, que las que forman la corteza del fondo del océano? Para comprender mejor esta diferencia vamos a analizar cómo están formadas ambas regiones de la Tierra.

Los **continentes** forman la parte más vieja y compleja de la corteza terrestre. Las rocas que los constituyen se presentan a veces, formando un mosaico enrevesado, que incluso hasta a la mente más privilegiada de los geólogos, les cuesta trabajo descifrar. Las enormes fuerzas tectónicas bajo las que se han formado hacen que sus rocas se encuentren, en la mayoría de los casos arrugadas, rotas y dislocadas, en posiciones y lugares muy distintas a las que se originaron.

Montañas calizas. "Camorro". Torcal de Antequera (Málaga).

Estas rocas continentales, de origen sedimentario, se formaron en depresiones topográficas o cuencas sedimentarias (valles, lagos, mares y océanos) y se disponen formando capas o estratos, en un primer momento paralelos al fondo de las cuencas, después de actuar las fuerzas tectónicas, de cualquier manera, imaginable. Las rocas sedimentarias forman los relieves más bellos y grandiosos de esta geografía continental: las montañas y cordilleras, las cuales encierran misterios que intrigaron a las diferentes culturas desde épocas remotas, como la existencia de fósiles marinos en las cumbres de esas montañas, a miles de kilómetros del mar más cercano. El misterio de cómo emergen los fondos oceánicos con sus fósiles ha sido revelado en parte, gracias a la teoría de la "tectónica de placas", y esos mismos fósiles han servido a los geólogos para elaborar la cronología de los acontecimientos más notables desarrollados durante la historia de la Vida en la Tierra.

De todas las rocas sedimentarias, las Carbonatadas (Calizas, Dolomías), cuyo componente fundamental es el mineral Calcita (carbonato cálcico o CO_3Ca), son las más asociadas a la Vida, ya que una buena parte de ellas se formaron por la acumulación de caparazones y esqueletos de ese mineral, formando costras calcáreas en el fondo de los antiguos y cálidos mares terrestres. Las mayores estructuras creadas por los seres vivos están formadas por ese tipo rocas, constituyendo los **arrecifes de coral**. Tienen dimensiones planetarias, montañas de piedra caliza que casi emergen de los océanos y rodean a la Tierra por su ecuador como un collar de perlas.

Si la Tierra perdiera el agua y en el futuro una civilización inteligente escudriñara el planeta, como lo hacemos nosotros ahora en Marte, la localización de este tipo de rocas sería suficiente para determinar un pasado oceánico del planeta.

El origen primario del mineral calcita no es totalmente ígneo o magmático, pues no es muy abundante en los magmas que afloran en la corteza y más bien parece que procediera de la fijación de grandes cantidades de dióxido de carbono (CO_2) de la atmósfera primitiva, al unirse a los óxidos de calcio (CaO) disueltos en los primitivos océanos, quizás catalizado por los primeros organismos. Si es así, la aparición de carbonato cálcico (CO_3Ca) estaría asociada a la disminución de los niveles de dióxido de carbono (CO_2) en las primeras etapas de evolución de la atmósfera terrestre. Se supone que los niveles de CO_2 anteriores a la formación de piedra caliza serian de más de 300.000 veces los valores actuales, lo que haría que la Tierra tuviera en esa época un efecto invernadero enorme, semejante al de planeta Venus en la actualidad.

Las calizas y demás rocas sedimentarias que forman las cordilleras de la Tierra, se disponen en los márgenes de los continentes más o menos paralelas a la línea de costa y rodeando a las áreas más antiguas del planeta, los llamados **escudos continentales** o **cratones**, los cuales están formados por un conjunto de rocas ígneas y metamórficas, que formadas a grandes presiones y temperatura representan la transformación que con el tiempo pueden sufrir cualquier roca, como consecuencia de soportar las grandes fuerzas y temperaturas que se producen en la corteza terrestre.

Pero de todas las rocas continentales las más representativa es el **Granito**, cuyo origen se supone Ígneo, aunque también pudiera proceder del ultrametamorfismo o Anatéxia; o sea, que en las profundidades de los continentes, bajo los grandes bancos de sedimentos plegados que forman las cordilleras o en el borde de las placas corticales que colisionan, las presiones y fuerzas puestas allí en juego pueden fundir las rocas basamento de esas cordilleras y generar un magma granítico, el menos denso de los magmas. La implacable erosión deja al descubierto estos zócalos graníticos junto a las rocas metamórficas, constituyendo con el tiempo el núcleo de nuevos continentes y el nuevo basamento para las futuras cadenas montañosas.

Así se estructuran los continentes. En torno a los viejos escudos continentales de rocas metamórficas, con afloramientos de rocas magmáticas graníticas y fuertemente erosionados, se disponen las cordilleras de potentes bancos de rocas sedimentarias plegadas y emergidas de los antiguos mares y océanos, las cuales se asientan en los restos de anteriores cordilleras ya erosionadas.

A todo este *puzzle* habría que añadirle intercalaciones de diferentes tipos de magma, desde los ácidos graníticos, granodioríticos, andesíticos, a los básicos basálticos, según las regiones donde afloren.

Al asentarse las nuevas cordilleras sobre los restos erosionados de las antiguas, se han podido estudiar diferentes ciclos orogénicos formadores de cordilleras a lo largo de la historia de la Tierra.

Las jóvenes y agudas montañas que forman los dos grandes cinturones orogénicos alrededor del planeta, uno de Norte a Sur, desde Alaska a la Patagonia; otro de Este a Oeste, desde Gibraltar hasta Borneo, se formaron en el llamado ciclo Alpino, que comenzó a mediados de la era secundaria, hace unos 120 millones de años y continuó durante la primera mitad de la era terciaria, hasta hace poco más de 10 m.a.

Las montañas Alpinas se asientan sobre los restos de las codilleras Hercinianas, que emergieron a finales de la era primaria, y estas a su vez sobre las que emergieron en el ciclo anterior, el Caledoniano, a principios de esta extensa era primaria. Y anteriores a las épocas de las eras, en los tiempos Precámbricos, hubo al menos otra, la Huroniana, que los geólogos pueden rastrear en el borroso registro de rocas tan antiguas.

Los Continentes están formados por conjuntos de rocas, cuyo pasado refleja las continuas fuerzas y movimientos que se generan en la corteza terrestre. Representan con una fidelidad grabada en sus rocas el paso del tiempo y sus consecuencias, y nos cuentan tremendas historias de intensas actividades telúricas, cataclismos de origen cósmico, misteriosos cambios climáticos con inundaciones y sequías que empequeñecen a las bíblicas y de la lucha de la Vida por expandirse y evolucionar.

La **Corteza Oceánica** es muy diferente. Formada por rocas volcánicas de la familia de los Basaltos, presenta una uniformidad que raya lo austero, frente al rico elenco de rocas que poseen los continentes.

El fondo del océano, desde que abandonamos la plataforma continental y descendemos a una profundidad media de 4500 metros, es monótono y uniforme, en comparación a los continentes, donde los activos agentes atmosféricos impulsados por la energía del Sol han estado actuando desde que estos emergieron. Esta monotonía se interrumpe abruptamente al toparnos con las Dorsales, entonces el fondo del océano se levanta y transforma en la cadena de montañas más grande del planeta, y con una actividad sísmica y volcánica comparable a la del "cinturón de fuego del Pacifico".

Esta monotonía geográfica y geológica contrasta con la intensa actividad que el suelo del océano posee. Una actividad que le lleva a tener una juventud asombrosa, en comparación a los continentes. **No existen rocas en el fondo de los océanos de la Tierra con más de 200 millones de años**.

Entonces la pregunta más inmediata que se nos puede ocurrir es: ¿No existían océanos anteriores a esas fechas? La respuesta también es inmediata:

¡Claro que existían océanos anteriores a esas fechas, como lo prueban los fósiles de animales marinos de la era primaria, que tienen casi 700 m.a., y por supuesto muchas pruebas de que los océanos han existido desde las primeras etapas de la formación de la Tierra!

Luego el suelo del océano, la corteza oceánica, tiene un increíble sistema de renovación, por el cual se restaura completamente en un tiempo récord de solo un 5%, del total del tiempo que tiene la Tierra (la Tierra tiene 4.500 m.a. y la corteza de los océanos solo 200 m.a.).

Dicho de otra manera, la velocidad de renovación de la corteza oceánica es de unos 6 u 7 centímetros anuales, la misma que presenta la piel de la mayoría de los animales y árboles de la Tierra.

A esta singularidad de la juventud de la corteza oceánica, se le une otro hecho peculiar y relacionado con el anterior: el de poseer un registro de los cambios del campo magnético terrestre ocurridos desde la formación de estas rocas oceánicas. Dicho registro ha servido para descubrir el modo de cómo se renueva esta corteza, así como de medir la velocidad de esa renovación.

Estas rocas de naturaleza volcánica pasan por un periodo de fluidez magmática antes de enfriar, lo que les confiere la propiedad de fijar en sus minerales la dirección del campo magnético existente en ese momento. Una vez enfriado el magma y consolidada la roca, los minerales ya no pueden modificar su orientación magnética, aunque el campo magnético terrestre cambie. O sea, su orientación magnética queda "fosilizada", y esa fosilización del magnetismo terrestre ha sido la mejor herramienta para comprender, no solo el gran dinamismo de la corteza terrestre en general, sino también para descubrir el misterioso comportamiento del campo magnético de la Tierra.

Una vez visto la naturaleza y estructura de estos dos tipos de corteza que forman la piel de la Tierra, podemos intentar responder a la pregunta que dejamos en el aire anteriormente. ¿Porque la Tierra posee estas dos formas de corteza, tan diferentes en su naturaleza y dinamismo? La respuesta está en parte, una vez más, en el Agua y el tiempo geológico.

El agua, como indicamos al principio es un poderoso agente químico, con una gran capacidad para desorganizar la estructura interna de la materia mineral. Dicha desorganización se basa en las propiedades físicas de su molécula, ya que puede actuar como un dipolo, o sea como elemento positivo, sobre compuesto electronegativos y como elemento negativo sobre moléculas de carácter positivo.

Sobre las moléculas neutras, como las orgánicas con enlace covalente, le es más difícil de actuar, pero es cuestión de tiempo que su persistencia no acabe erosionando también su estructura interna. Como diría la cancioncilla del inicio: "las agüitas de los ríos, a todos nos han de llevar, al Océano Infinito, en un viaje sin igual".

El mundo mineral está formado mayoritariamente por átomos y moléculas unidos por enlaces iónicos, a los que el agua disocia con gran facilidad. El agua y el tiempo han diseñado y creado el paisaje de este planeta. El discurrir del agua crea surcos, con el tiempo estos se transforman en arroyos, los arroyos en barrancos y los barrancos en valles y estos, los valles, constituyen la seña de identidad del paisaje terrestre.

Pero la actuación del agua no solo se ciñe a la modelación del paisaje, su interacción con las rocas es mucho más profunda de lo que podemos imaginar. Todas las rocas de la Tierra tienen un primer origen magmático. El magma original debió de ser un magma denso posiblemente de tipo peridotítico. La peridotita es la roca más densa que se puede encontrar en la corteza terrestre. Formada por silicatos, como todas las rocas magmáticas, ricos en magnesio y hierro, su origen se le

Valle del Genal. Serranía de Ronda (Málaga)

supone profundo, del Manto. En experiencias realizadas sobre el origen de los diferentes magmas que afloran en la corteza, se observa que los magmas peridotíticos pueden evolucionar para dar magmas basálticos y estos a su vez originar magmas graníticos, pero no se puede invertir las reacciones; o sea, los magmas comunes en la corteza, granítico y basáltico, no pueden originar magmas densos peridotíticos. De aquí se puede deducir que los magmas primarios, origen directo o indirecto de todos los demás magmas y por consiguiente de las rocas de la corteza, son los magmas peridotíticos que constituyen el Manto terrestre.

¿Pero qué es lo que hace que estos magmas densos pierdan densidad y pasen con el tiempo a formar una corteza continental? La respuesta se halla en el Agua y su forma de actuación.

El agua se introduce en las redes internas, en las que se organiza la materia mineral, rompe sus enlaces y establece uniones con los diferentes elementos que lo constituyen. A medida que el agua rompe los edificios cristalinos más densos y pesados de los minerales, desplaza o intercambia diferentes átomos, rompe su organización tridimensional cambiando su relación "masa de átomos/volumen que ocupan", desplazando los átomos más pesados, o uniéndose a ellos por otros menos pesados, lo que hace que los nuevos minerales se dispongan formando edificios cristalinos menos compactos, con los átomos más alejados los unos de los otros.

La interacción del agua con el magma peridotítico va creando, con el tiempo, un nuevo magma menos denso. Si a todo esto le unimos que los nuevos minerales sedimentarios creados en la erosión de las primeras áreas continentales pudieran mezclarse con los magmas primarios, durante las primeras subducciones, el resultado sería una mezcla de magmas primarios, agua y sedimentos marinos que producirían un magma con nuevos minerales cuyos edificios cristalinos son menos compactos y sus elementos pesados, estables a grandes profundidades, como el Hierro y el Magnesio, son sustituidos por Aluminio, Sodio o Potasio, menos pesados y más estables a las nuevas condiciones de presión y temperatura que reina en el ámbito de la superficie.

Todos estos procesos no son lineales, es decir, han ocurrido y ocurren desde el principio de la formación de la Tierra, dando productos que luego se han mezclado con nuevos magmas, o han sufridos transformaciones químicas a elevadas presiones, originando nuevas conformaciones minerales, que a su vez son transformadas y mezcladas con nuevos ciclos geológicos. El resultado final de todo ello es la formación de una corteza continental menos densa que "flota" sobre un conjunto de rocas más densas y menos alteradas.

Reconstruyamos, de esta forma, cómo pudo haber sido esta diferenciación de la corteza en la evolución de la Tierra:

La Tierra comienza su vida como una masa incandescente de materia rica en átomos pesados que forman moléculas sencillas, las cuales empiezan a establecer contacto y uniones atendiendo a sus afinidades químicas y condiciones de presión y temperatura, para constituir agregados mayores más o menos estables, principalmente redes de Silicatos, combinación de Silicio, Oxígeno y Metales formando polímeros, la matriz mineral de los planetas rocosos.

En este tiempo la Tierra seguía creciendo por acreción con la llegada de innumerables asteroides rocosos y cometas de hielo; estos últimos ayudaron a enfriar la parte más externa y a formar la primera corteza terrestre. La enorme cantidad de gases desprendidos en estos procesos formarían la primera atmósfera del planeta, la cual seguramente sería tan espesa y densa, que mantendría a la Tierra en una oscuridad casi total.

Así pues, la llegada masiva de asteroides de hielo, originarían los primeros mares y océanos, estando los continentes representados por conos volcánicos que, a modo de islas, formarían las primeras rocas sólidas, a medida que el magma expulsado se enfriaba. Esta primera corteza estaría formada por rocas derivadas de magmas peridotíticos alterados por una mezcla considerable de agua. La aparición de las primeras áreas continentales dio comienzo a los primeros procesos de erosión, transporte y sedimentación, formándose con ello las primeras rocas sedimentarias en el fondo de los cálidos y someros mares.

Estas rocas sedimentarias poseen minerales hidratados, cuyos edificios cristalinos se han alterado, y sus átomos pesados (Fe, Mg) han sido sustituidos por otros menos pesados y más estables (Al, Ca, Na, K) a las nuevas condiciones, perdiendo densidad en comparación a la roca madre.

Como veremos más adelante la Tierra expresa su energía interna, reciclando continuamente su corteza sólida, mediante una serie de procesos que explica la "Tectónica de Placas"; por consiguiente, regeneraría esta primera corteza sólida incluyendo los sedimentos marinos y parte de las rocas sedimentarias, las cuales al mezclarse con el magma alterarían las propiedades originales de éste, haciéndolo menos denso al incorporar agua y minerales hidratados de las rocas sedimentarias. Sucesivos ciclos de subducción (incorporación de la corteza al manto superior) enriquecidos con nuevas rocas sedimentarias, harían que los magmas se fueran diferenciando progresivamente, hasta formar el rico elenco de "magmas continentales". A todo ello se le uniría aquellas rocas, que por su menor densidad no podrían subducir y reciclar, configurando así los núcleos metamórficos (cratones) de las primeras áreas continentales. Por el contrario, la primitiva corteza oceánica, derivada del manto superior y formada a partir de los magmas peridotíticos, que evolucionaron hasta originar los magmas basálticos, apenas sufre variación con el tiempo. Esta corteza se recicla por subducción a un ritmo muy rápido y esto es precisamente lo que origina el crecimiento de los continentes.

Resumiendo, la diferenciación de la corteza de la Tierra en continental y oceánica, en función de su composición mineralógica y su densidad, que tan marcadamente identifica a este planeta, es una consecuencia de su otra singularidad, la existencia de enormes cantidades de agua líquida formando océanos. La corteza oceánica sufre un ciclo de

El Agua en mares y océanos constituye la seña de identidad de la Tierra

renovación increíblemente rápido, como consecuencia de la expresión de la energía interna del planeta. La continental, y debido a su menor densidad y por consiguiente al hecho de "flotar" sobre la más densa, no se puede reciclar, acumulándose mediante acreción en los sucesivos ciclos geológicos de subducción y de la orogénesis (formación de las cordilleras), incrementando con el tiempo el volumen y extensión de la corteza continental en detrimento de la oceánica. Los continentes crecen a costa de la reducción de los océanos. Dicho de otro modo: si la corteza representa a la piel de la Tierra, los continentes serían las "callosidades" de esa piel, que se pueden erosionar y desgastar, pero no renovar.

CAPÍTULO III

La Energía Interna De La Tierra

Esta fuerza que mi brota
y que no puedo apaciguar,
es la fuente de mi vida,
de mi llanto y mi cantar.

Cualquiera que haya sentido vibrar la Tierra durante un terremoto, haya visto la espectacular manifestación de luz, fuego y energía de un volcán, o haya caminado por las laderas y cumbres de una montaña, le es fácil de comprender que la Tierra es un planeta dinámico lleno de energía interna que vibra, ruge y se estremece, como pueden hacerlo cualquiera de los hijos que viven sobre su piel.

Esta manifestación de la energía interna ha sido y es uno de los mayores enigmas que los humanos, con ansias de conocimiento, han deseado desvelar durante siglos. Aunque terremotos y volcanes no dejan indiferente a quienes los sienten, la existencia de fósiles de animales marinos en las rocas de las montañas a cientos de kilómetros del mar más próximo es algo que fascina a todo el mundo, provocando la pregunta consecuente: ¿cómo se formaron?

Nos faltarían dedos en el cuerpo para enumerar las diferentes teorías científicas que se han propuesto con el fin de explicar estos fenómenos. Sin embargo, las teorías que se formularon cuando la humanidad empezó a viajar con facilidad por la faz del planeta, se hicieron más coherentes con las observaciones.

Las montañas y cordilleras manifiestan las fuerzas internas que las originaron

La posibilidad de contemplar rocas, fósiles y eventos geológicos iguales en lugares muy alejados del planeta, así como la similitud entre la línea de costa de América del Sur y África, o entre la península Arábiga y el oeste de África, fueron estímulos que fomentaron el planteamiento de atrevidas teorías, como la posibilidad de que los continentes no hayan estado siempre en el lugar que hoy ocupan.

Pero en la ciencia como en la vida el planteamiento de ideas nuevas y rompedoras con las dominantes siempre generan polémicas que, a veces trasciende el límite de lo científico. Es normal que las ideas conservadoras e inmovilistas se arraiguen en las mentes de las personas con una posición social o profesional consolidada; como también es normal que las ideas más arriesgadas sean banderas de la juventud intrépida que debe de hacerse un lugar en su mundo. Las dos fuerzas, conservadoras y revolucionarias, son manifestaciones de las dos que existen en la naturaleza: por un lado, la fuerza del cambio y la evolución; por otro lado, las fuerzas que dan la estabilidad y el tiempo necesarios para consolidar esos cambios.

Y en las ciencias de la Tierra no pudo ser diferente cuando a principios del siglo pasado el intrépido y arriesgado investigador alemán, Alfred Wegener, se le ocurriera oponerse a las teorías dominantes y afirmar que los continentes se mueven, y bastante, sobre la faz del planeta. Su teoría, denominada "Deriva continental", suponía que los continentes, menos densos, flotaban como iceberg sobre el fondo rocoso de los océanos, más densos, y que, debido a las fuerzas gravitatorias del Sol, la Luna y los planetas, y a la centrífuga de rotación de la Tierra, éstos se movían "a la deriva" chocando de vez en cuando, y provocando el plegamiento y emersión de los fondos rocosos situado entre ambos, lo que producía la formación de las cordilleras que se adosaban a los márgenes de estos continentes.

Wegener recopiló numerosas pruebas que avalaban su teoría:

- Existencia de fósiles iguales en continentes separados por océanos, que la nueva teoría de la Isostasia hacia incompatible con la existencia de "puentes-Islas continentales" que pudieran haber unido los continentes en el pasado, y que se hubieran hundido posteriormente como afirmaban las teorías dominantes en esa época. Fósiles de helechos y reptiles que, con las barreras geográficas actuales, serían imposible que pudieran atravesarlas. Océanos y casquetes polares son barreras infranqueables para animales llamados poiquilotermos, sin temperatura corporal constante, como los reptiles. Los helechos, por su parte, son plantas muy endémicas, características de los lugares que habitan, y que requieren condiciones de humedad y temperatura muy particulares para reproducirse y expandirse.

- Existencia de series de rocas y acontecimientos geológicos pasados iguales en ambos lados del atlántico. Cordilleras que se interrumpen a un lado del océano atlántico, para continuar por el otro lado, manteniendo su alineación.

- Huellas glaciares en África, arrecifes de coral en continentes muy al norte de las zonas tropicales donde tienen restringido su hábitat actual; yacimientos de carbón, procedentes de bosques templados y húmedos, en áreas continentales actuales muy frías. Todo esto hacía pensar en una variación climática extrema en el pasado, que pudiera haber llevado a una variación considerable del eje de rotación terrestre; o la intrépida idea de que los continentes se pudieran mover y llevar grabado en sus rocas el clima de las zonas por donde han pasado en otras épocas.

- La distribución de los mamíferos y de otras especies en la actualidad, se hacía imposible de comprender sin admitir una proximidad continental en el pasado.

Las osadas y atrevidas ideas de Wegener admitían que los continentes habían estado unidos en el pasado, formando un gran continente que denominó *Pangea*. Dicho continente se había fragmentado en dos grandes de masas continentales. Primero, *Laurasia* al norte y *Gondwana* al sur, para después dividirse en los actuales continentes, a medida que se movían hasta alcanzar su posición actual.

Dichas ideas chocaron frontalmente con las teorías dominantes del momento, que proponían un enfriamiento y contracción subsiguiente de la corteza terrestre, para explicar la formación de las montañas, y de puentes intercontinentales o islas oceánicas, que posteriormente se habían hundido, explicando así, la distribución de la vida actual y pasada en la Tierra.

Wegener era un romántico y un visionario que perdió su vida en su amada Groenlandia, intentando demostrar su visión de la Tierra. Pero su esfuerzo no quedaría en vano. Sus ideas cuajaron en un grupo de científicos que veían que existían muchas pruebas de que los continentes no siempre habían estado en la posición que ahora ocupaban, y que las teorías de la contracción térmica y los puentes intercontinentales eran incompatibles con la existencia de los dos tipos de corteza terrestre que se empezaron a descubrir.

Aunque seguía siendo un misterio las fuerzas que los movían, ya que las fuerzas propuestas por Wegener eran matemáticamente imposibles de que pudieran ser las causantes de arrastrar a los continentes sobre el fondo rocoso de los océanos sin que antes, esas mismas fuerzas, frenaran la rotación de la propia Tierra.

A pesar de las muchas pruebas, las ideas de Wegener quedaron relegadas por las oficiales y la segunda guerra mundial contribuyó a ese olvido. No obstante, esa misma guerra supondría un revulsivo al modelo oficial de la Tierra al desarrollarse, con fines bélicos, instrumentos de observación del fondo oceánico.

A la vanguardia de la investigación oceánica en la década de 1940, se encontraba el joven físico norteamericano Maurice Ewing, quien junto a sus compatriotas Bruce Heezen y Marie Tharp, rastrearon los fondos oceánicos y descubrieron, a finales de la década de los 50, la morfología de las mayores estructuras geológicas del planeta: **Las Dorsales Oceánicas.**

La morfología de estas enormes cadenas montañosas de más de 64,000 kilómetros, que surcan la Tierra de norte a sur y de este a oeste, mostraban un profundo valle en su cima, un valle semejante a los valles en **Rift**, que se pueden observar en algunas regiones de la Tierra, como por ejemplo el **Rift Valley** del este de África, en la región de los grandes lagos. Este tipo de valle en la cima de las Dorsales está formado por fallas normales escalonadas, que se forman por fuerzas distensivas, lo que indica que se está produciendo un proceso de separación y apertura.

¿Pero cómo pueden existir fuerzas distensivas en los océanos, si estos se formaron por el enfriamiento y posterior contracción de la corteza terrestre, como suponía la teoría científica dominante?

Numerosas pruebas empezaban a indicar que las Dorsales representaban lugares por donde el fondo del océano se expandía, lo que motivó al geólogo norteamericano y profesor de la universidad de Princeton, Harry H. Hess, en 1960, a formular una hipótesis en la que contemplaba una visión de una Tierra en expansión a través de la Dorsales. Conociendo el conservadurismo de la comunidad científica y recordando el varapalo de Wegener, advirtió que su teoría era solo "un ensayo de geopoesía", pues carecía de pruebas donde fundamentar tan atrevidas ideas.

Puede que, en aquella época tan entusiasta de descubrimientos, la poesía solo fuera un refugio de "almas sensibles", pero hoy día es una necesidad para una humanidad que se encuentra en una de sus mayores encrucijadas evolutivas. Recuperar nuestra conexión mística, de misterio, con la "Madre Tierra" a través de la poesía y el conocimiento filosófico y científico, quizás nos haga comprender y amar a esta maravillosa Tierra, matriz y soporte de todo lo que somos, y a los seres que comparten nuestra efímera existencia sobre ella.

Las pruebas que confirmarían las ideas de Hess llegaron de la mano de dos investigadores ingleses, Drummond Matthews y Frederick J. Wine, quienes supieron interpretar los enigmáticos registros magnéticos que los barcos oceanográficos extraían en los rastreos de los fondos oceánicos, como la prueba más contundente de que el suelo de los océanos se expande y crece continuamente a través de activas Dorsales.

Como indicamos en el capítulo anterior, las rocas formadas por enfriamiento del magma, como las lavas que emanan de las Dorsales, tienen la propiedad de registrar la dirección del campo magnético antes de enfriarse y consolidarse definitivamente. Este registro queda "fosilizado" a ambos lados de la dorsal indicando, no solo las distintas variaciones del eje magnético a lo largo del tiempo, sino también, la velocidad de crecimiento del suelo oceánico.

El diseño de bandas magnéticas con polaridad alterna que presenta el fondo del océano forma un dibujo simétrico a ambos lados de la Dorsal que supieron ver e interpretar magistralmente los investigadores de la universidad de Cambrigde, Matthews y Wine. Anteriormente su colega de la misma universidad, sir Edward Bullard, había descubierto el elevado flujo térmico de la Dorsal centroatlántica, lo que convertía a estas cordilleras en centros de gran actividad geológica y en la piedra angular que Alfred Wegener hubiera necesitado para sustentar su visionaria teoría de los continentes en movimiento y colisión.

Pero el rasgo más distintivo de las Dorsales oceánicas son las cizallas o fallas escalonadas que rompen la continuidad de su eje central, las fallas que el geofísico canadiense Tuzo Wilson denominó **Fallas transformantes**, pues indican "los lugares donde el movimiento del fondo oceánico se transforma, de un movimiento de cizalla entre los segmentos escalonados de la Dorsal, en un movimiento de expansión, a partir de la Dorsal".

Los trepidantes momentos de descubrimientos que supusieron las décadas de 1950 y 60 en las ciencias del Tierra, hacían que los congresos de geólogos rebosaran de agitación y frenesí que presagiaban el nacimiento de una nueva teoría. Así a mediados de los años 60 el propio Tuzo Wilson esboza la idea de una Tierra cuya corteza se configura en una red de "varias grandes placas rígidas". En 1967 Dan P. McKenzie, joven geofísico inglés, y su colega Robert L Parker publica un artículo en el que insisten en las ideas de Wilson, según ellos, las zonas sísmicas activas de la Tierra señalan los límites de esas placas rígidas que forman su corteza. Posteriormente el geofísico de Pricenton W. Jason Morgan aplica las matemáticas al movimiento de esas placas corticales y el oceanógrafo francés Xavier Le Pichon, hace una retrospectiva del movimiento de las principales placas que dieron origen a los océanos Pacifico, Ártico, Indico y Atlántico.

Los descubrimientos parecían desbordarse y en1968 los sismólogos de la prestigiosa institución "Lamont Geological Observatory" de Nueva York, Bryan Isacks, Jack Oliver y Lynn Sykes, publican un artículo donde recogen datos sísmicos de todo el mundo que apoyan la hipótesis de placas corticales en movimiento. Observan como los terremotos superficiales se producían en las Dorsales y fallas transformantes, y los terremotos profundos allí donde las placas se hundían formando profundas fosas oceánicas, como las que bordean al océano pacifico.

Para la simbólica fecha de 1968, ya se había elaborado una teoría que lograba explicar la peculiar distribución de volcanes y terremotos por la superficie de la Tierra y el origen de las descomunales fuerzas que plegaban, fracturaban y emergían las rocas del fondo oceánico para formar las montañas y cordilleras. Con el nombre de Tectónica de Placas, supone una de las teorías de la Tierra más completa y fascinante, que debe su elaboración a un gran elenco de investigadores y a ninguno en particular. Su desarrollo parece indicar que un conocimiento tan amplio del planeta Tierra, no puede ser obra de una persona o país, y si de la colaboración y la visión de un grupo de personas de diferentes lugares.

En esencia, aunque compleja y difícil de entender, pues aún existen muchos "flecos que hilar", la teoría dice que la corteza terrestre está fragmentada, formando un mosaico de grandes y pequeñas placas en movimiento. Placas que pueden llevar encima a un continente, aunque sus límites no coincidan exactamente con éste. Por ejemplo, la gran placa africana lleva encima al continente africano, pero sus límites van desde el océano Índico, algo más allá de Madagascar, hasta la mitad del océano Atlántico, de manera que esta placa está formada tanto por corteza continental como por corteza oceánica. También hay placas que no llevan continentes y que están formadas exclusivamente por corteza oceánica, como la gran placa del Pacífico o la de Nazca, al oeste de Sudamérica. Puede, por último, haberlas que solo estén formadas por corteza continental, como la pequeña placa Turca.

Los límites de las placas lo constituyen las zonas de actividad sísmica y volcánica del planeta: las Dorsales por donde crecen y expanden las placas de corteza oceánica, la Fallas Transformantes por donde se rozan las placas y las profundas fosas oceánicas por donde subducen y se hunden, hasta desaparecer en el interior, la corteza oceánica generada en las Dorsales.

Sin duda alguna los límites de las placas son los lugares de mayor interés y donde se pueden apreciar el dinamismo de la Tierra en toda su intensidad, ya que expresan la continua formación de corteza oceánica, a un ritmo igual al que nos crece las uñas y el pelo a la mayoría de los mamíferos o la corteza a la mayoría de los árboles.

CAPITULO IV

Las Dorsales Oceánicas

Hay un dolor en la vida, que no produce aflicción.
Es el dolor de nacer, de transformarse y crecer
Un dolor que da al alma todo el potencial del ser.

Son las estructuras geológicas más grandes del planeta, posiblemente el rasgo geográfico más distintivo de la Tierra, ya que no se observa esta fisonomía en los otros planetas rocosos conocidos. Son unas particulares elevaciones montañosas de casi 70.000 kilómetros de extensión, que surcan la Tierra de Norte a Sur y de Este a Oeste ininterrumpidamente.

Pero no son como las cordilleras de rocas sedimentarias plegadas y emergidas que aparecen en los continentes. Son elevaciones de unos 2000 metros sobre el fondo del océano que presentan una profunda grieta en su eje central formando un valle en **Rift**, que a su vez se encuentra atravesado por un sistema de fracturas exclusivas de las Dorsales y que no tienen parangón en los continentes. Este sistema de fracturas, denominado **Fallas Transformantes**, hace que el eje de la Dorsal se encuentre zigzagueante y a veces desplazado muchos kilómetros del eje adyacente.

Las Dorsales poseen una intensa actividad sísmica y volcánica, tanto en el valle central, el Rift, como en las fallas transformantes que la atraviesan. Aunque su existencia está muy relacionada con los océanos y sobre todo con la corteza oceánica, pueden aparecer en los continentes, como el valle del Rift en África oriental, haciendo que estos se fracturen y separen. Tal es el caso de la Dorsal del mar Rojo que separó la península de Arabia de África y que un ramal se prolonga hacia el Sur por el Este del continente africano, formando el Rift Valley o región de los grandes lagos.

Pero como he indicado antes, la característica más exclusiva de la Dorsales es su sistema de fracturas perpendiculares, llamadas fallas transformantes, que hacen que su eje central, el Rift, no esté alineado, sino desplazado en zigzag.

Tuzo Wilson pone nombre a estas peculiares fallas y las define como los lugares por donde el movimiento del fondo oceánico "se transforma" de cizalla en expansión. Son el rasgo más característico de estas cordilleras y su formación se produce como consecuencia del juego de fuerzas que se establecen entre los diferentes segmentos de Dorsales enfrentadas, haciendo que según dominen en un momento dado unas u otras el eje se desplace hacia un lado u otro.

Las Dorsales representan los lugares por donde se genera constantemente el suelo oceánico, sin embargo, esta generación del suelo, que se realiza por inyección de magma a ambos lados del eje, no es simultánea a lo largo de toda la Dorsal, lo que por otro lado provocaría un derroche energético, si esta inyección de magma se produjera al mismo tiempo, de norte a sur de la Dorsal atlántica, por ejemplo.

Esta inyección magmática es puntual pero continua, y provoca el crecimiento por acreción del fondo marino a ambos lados del eje de la Dorsal. Se realiza como a impulsos, a intervalos, en determinados segmentos de la Dorsal, de manera que, en un momento determinado unos segmentos crecen más que los adyacentes, que lo podrían hacer inmediatamente después.

Pero la separación del eje de la Dorsal mediante las fallas transformantes parece deberse más al resultado del juego de fuerzas antagónicas, que se establecen en la corteza terrestre que, a la asincronía temporal de la acreción, y pone de manifiesto la enorme cantidad de energía que se realiza en este proceso de crecimiento y expansión.

Si al crecer un fragmento de la Dorsal encuentra resistencia a la expansión, por la presencia de una masa continental, que a su vez es empujada en sentido contrario por otra Dorsal, al otro lado del continente, pueden ocurrir varias cosas:

- Que la masa de corteza continental se eleve o se rompa, o ambas cosas a la vez.
- Que el eje de la Dorsal se eleve y emerja, como sucede en la isla centroatlántica de Islandia.
- O lo más habitual que la porción del segmento del del eje de la Dorsal con menos fuerza de acreción que se está expandiendo en ese momento, se desplace en el mismo sentido que la fuerza ejercida por la Dorsal más potente, creando y/o aumentando la falla transformante. Esto es posible porque, independientemente de las fuerzas de resistencia que encuentre, el suelo oceánico crece y se expande a ambos lados, aunque se rompa y desplace el eje. La fuerza de crecimiento de la corteza oceánica es superior a la resistencia encontrada.

Es decir, si la resistencia a la expansión encontrada por una Dorsal es mayor que su fuerza de acreción, entonces el eje de esta Dorsal se desplaza hacia el sentido que encuentre menos resistencia, sin dejar de expandirse.

También se puede dar el caso de que, si la otra Dorsal es muy potente, haga desplazar al continente que arrastra por encima de la Dorsal menos potente. Y este es el caso que se está produciendo actualmente en la costa del pacifico de Norteamérica, donde parece que la placa norteamericana está situándose por encima de un fragmento de la Dorsal Pacífica en California, debido al empuje de la Dorsal Atlántica, que es la más potente en los últimos tiempos.

Yellowstone, es un potente punto caliente con intensa y violenta actividad volcánica, muy próximo a la Dorsal Pacífica, quizás encima de ella.

Cuando explico las Dorsales y las fallas transformantes a mis alumnos los pongo en tres filas paralelas y alineados, separados unos 50 cm, entonces les digo que extiendan los brazos a ambos lados del cuerpo estirándose, hasta que las manos toquen las manos del compañero adyacente. Al encontrarse las manos y brazos contrario, entonces se desplacen lateralmente si su fuerza es menor que la de su compañero, ya que los brazos han de extenderse, sea como fuere. El cuerpo de los alumnos representa el eje de la Dorsal y los brazos el suelo oceánico creciendo. Al final de esta simpática experiencia, las filas paralelas de alumnos se han roto en dos filas zigzagueantes, en donde los más fuertes han mantenido su posición y han desplazado a los memos fuertes. Si encontraran una gran resistencia por los dos lados, el pequeño alumno se elevaría sujeto por los recios brazos de sus dos fortachones compañeros. Pero este caso no se ha dado, aún. Pero si se da en la Tierra en el caso de Islandia, donde la Dorsal Atlántica emerge, al estar confinada por dos continentes próximos, Eurasia y Norteamérica empujados por sus sendas Dorsales.Si las fallas transformantes se forman por este mecanismo, las Dorsales representan los lugares por donde la Tierra manifiesta su fuerza interna de crecimiento de manera inexorable. Sea cual fuere las fuerzas que se opongan al crecimiento, las Dorsales las vencen y hacen crecer uniformemente el suelo oceánico a ambos lados, aunque tengan que levantarse y emerger, romper el obstáculo o desplazar su eje, incluso miles de kilómetros.

Pudiera esta manera de actuar de las Dorsales, explicar el crecimiento de algunos continentes por incorporación de pequeños fragmentos de suelo oceánico provenientes de lugares muy alejados. Lo que se conoce como **tectónica de microplacas**. Así ha ocurrido en buena parte de Alaska y de la parte occidental del continente norteamericano. Porciones del suelo oceánico viajarían cientos o miles de kilómetros desplazados entre "los carriles" que formarían las fallas transformantes, hasta chocar y adosarse con masas continentales.

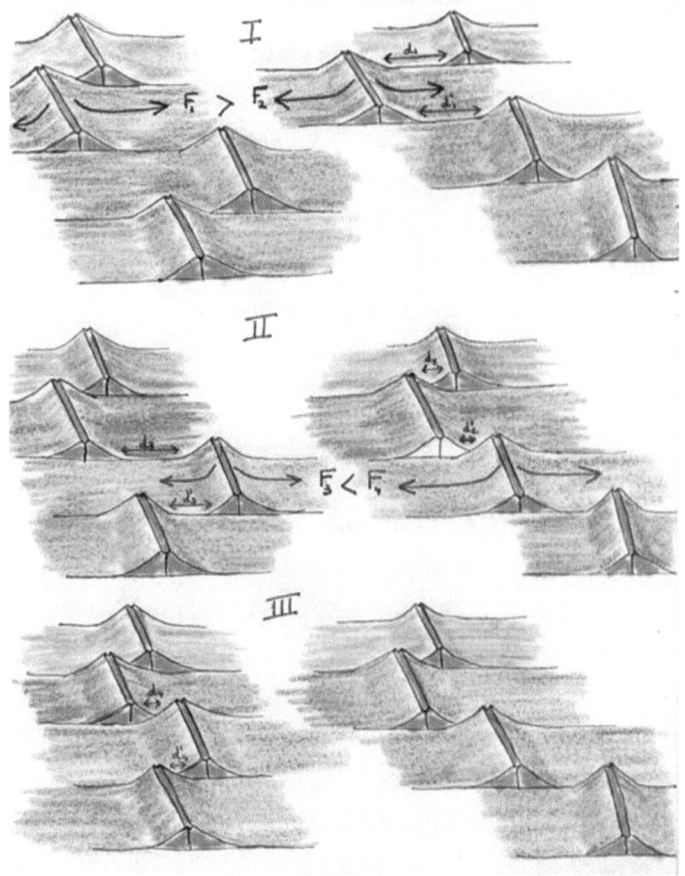

Esquema que indica como el juego de fuerzas de dos Dorsales distantes, determina el movimiento del Eje y la formación de Fallas Transformantes

Es significativo que la Placa Africana esté rodeada por Dorsales, salvo por el norte, donde se encuentra con la placa Euroasiática, y sin embargo no esté afectada por la compresión que cabría esperar. Igualmente le ocurre a la placa Antártica, que si está rodeada en su totalidad por Dorsales. Solo si las dorsales pudieran desplazar sus ejes al encontrar resistencia a la expansión, pero sin dejar de crecer la corteza oceánica, podría explicar esta paradoja de estar rodeada de Dorsales y no sufrir una gran compresión.

Si las Dorsales funcionaran de esta manera, la pregunta que se me viene a la cabeza es: ¿Podría un planeta inanimado, que solo es una bola de rocas sólidas superficiales y fundidas por radiactividad las más internas, generar tales fuerzas y tales procesos? Desconozco la respuesta. Pero cuando observo cómo se expresa la fuerza de crecimiento en los seres vivos, como los árboles que con sus raíces rompen rocas y cimientos y cómo solo la fuerza que origina la muerte es la única que impide el crecimiento de estos, no me cuesta ningún esfuerzo comparar ambas expresiones de fuerza vital y ver a la Tierra como un planeta animado por dicha fuerza.

¿Podrían los fenómenos radioactivos por sí solos explicar estas fuerzas tan inconmensurables? La desintegración de los elementos radioactivos y la consiguiente producción de calor que se genera es un proceso energético natural que se produce en aquellos lugares donde se concentran este tipo de elementos. Paradójicamente la concentración de estos elementos es mayor en la corteza continental que en la oceánica; el **granito** de los continentes posee mucha mayor abundancia de elementos radioactivos, que los **basaltos** de la corteza oceánica, pero es aquí en la corteza oceánica donde se expresan, a través de las Dorsales, estas colosales fuerzas y donde mayor cantidad de magmatismo existe.

Las Dorsales con sus fallas transformantes, representan la expresión del crecimiento continuo de la piel de la Tierra, por encima de todo, que a su vez es la manifestación más notable de la energía interna que fluye en el planeta desde su interior. Las Dorsales son las responsables no solo del crecimiento del suelo oceánico, sino también del movimiento de las placas y de los continentes que estas llevan encima, de su rozamiento, de su destrucción y por tanto de casi todos los terremotos que ambos procesos originan.

La diferencia entre los sistemas animados e inanimados radica en que los últimos están sometidos a las leyes físicas inexorables que tienden a equilibrar sus diferencias, a uniformar la "diferencia de potencial" de sus distintas partes, a igualar las concentraciones de sus diferentes materiales. Por el contrario, los sistemas animados, aunque también están sometidos a las mismas leyes de uniformidad, el equilibrio solo se alcanza con la muerte. Mientras el sistema esté vivo, las fuerzas que se ponen en juego generan diferencias en sus partes, y hacen que la diferencia sea la base de su dinámica, el motor de su actividad. Así, por ejemplo, los animales se mantienen calientes, a pesar del frío exterior, mediante el aporte de energía que obtenemos del metabolismo de los alimentos. Mantenemos esa diferencia a costa de la energía que se genera creando edificios moleculares orgánicos, basados en átomos de carbono, hidrogeno u oxígeno, principalmente, y destruyéndolos posteriormente, de tal manera que el balance energético sea favorable; es decir, que la energía que se emplea en crear sea menor que la que se obtiene en destruir esos edificios moleculares. La energía que fluye por los sistemas animados esta siempre en movimiento, para lo cual debe de existir una diferencia de potencial entre sus partes que los propios sistemas se encargan de mantener. Por supuesto este proceso "contra natura" no puede durar eternamente, y más tarde o más temprano, las leyes físicas de la termodinámica vencen al más energético de los sistemas animados.

La diferencia por tanto entre un sistema animado y uno inanimado está en el flujo de energía para mantener la diferencia y en el tiempo en que esta diferencia se mantiene, venciendo las leyes naturales que tienden a la uniformidad de los sistemas.

Si la Tierra fuera un sistema inanimado, ¿No habría pasado suficiente tiempo, 4.500 millones de años, como para que la uniformidad se fuera estableciendo, su calor disipado al frío espacio y moviera las placas con menor ímpetu que lo hace en la actualidad?

La Tierra no solo pierde calor por conductividad a través de sus rocas desde el interior al exterior, sino también por el movimiento de las placas, que generan los miles de terremotos anuales que sacuden su corteza, que a su vez produce la destrucción de esta en las zonas de subducción, con la consiguiente formación de cordilleras y corteza continental; y también mediante el vulcanismo, que tan extensamente se han producido desde su formación.

Toda esta pérdida de energía parece que está controlada, de manera que se disipa con más lentitud de lo que cabría esperar en un sistema inanimado que vaga por los fríos espacios siderales.

La Tierra mantiene un flujo de energía propio de los sistemas animados, y aunque ese flujo de energía provenga de procesos de desintegración radioactiva de átomos pesados, cuesta trabajo pensar que no se hubiese mermado considerablemente en todo el tiempo que lleva disipándose desde su creación, a no ser que de alguna manera se controle ese flujo de energía. Evidentemente la Tierra no utiliza los mismos mecanismos de trasiego energético que usan los seres vivos, como es la creación y destrucción de edificios moleculares orgánicos de cadenas de carbono, y es posible que utilice mecanismos de desintegración radioactiva, es decir utilice otros átomos y otros mecanismos de combustión, pero lo importante no son tanto las formas sino el fondo y el resultado: que **ambos flujos de energía están controlados** con el fin de mantener el mayor tiempo posible dicho flujo, pues el final es común para todos los sistemas animados, es la muerte la que interrumpe el flujo de energía y uniformiza los sistemas. La muerte lo iguala todo.

Si la corteza oceánica se está *formando* constantemente en las Dorsales y expandiéndose a ambos lados, es lógico pensar que, si la Tierra no crece en volumen de una manera proporcional, es porque por otro lado se debe de destruir casi a la misma velocidad. Los lugares por donde esto ocurre son las zonas tectónicas más violentas del planeta, como lo pueden testificar los japoneses y los sudamericanos del pacifico: las zonas de **Subducción** o hundimiento.

CAPÍTULO V

La Subducción

Es su porte y es su sello
darle sentido al nacer,
aderezar nuestros actos y
llenarlos de poder.
Minetras no nos toque con
su aguda frialdad, nuestro
existir todavía tendrá una
oportunidad.

La Subducción es el proceso mediante el cual la corteza oceánica generada en las Dorsales vuelve otra vez al interior de la Tierra. Este proceso produce una profunda **Fosa** paralela a la línea de costa. Pero también produce algo más: la formación de **cordilleras perioceánicas** como los Andes y los arcos de islas volcánicas como Japón, y por supuesto acompañados de numerosos y violentos terremotos.

En las Zonas de Subducción se registra casi el 95% de la energía que se libera en los terremotos y la mayoría de sus epicentros se localizan formando un plano inclinados de unos 45° hacia el interior terrestre, formado por la placa oceánica en su camino de regreso al interior terrestre.

En el proceso de la subducción, la corteza oceánica se va introduciendo bajo los continentes o bajo otra corteza oceánica más joven y caliente y por tanto menos densa. Como consecuencia de este hundimiento se forma, en la intersección de ambas placas de corteza, una profunda fosa oceánica, paralela a la línea de costa. Dichas fosas marcan la topografía

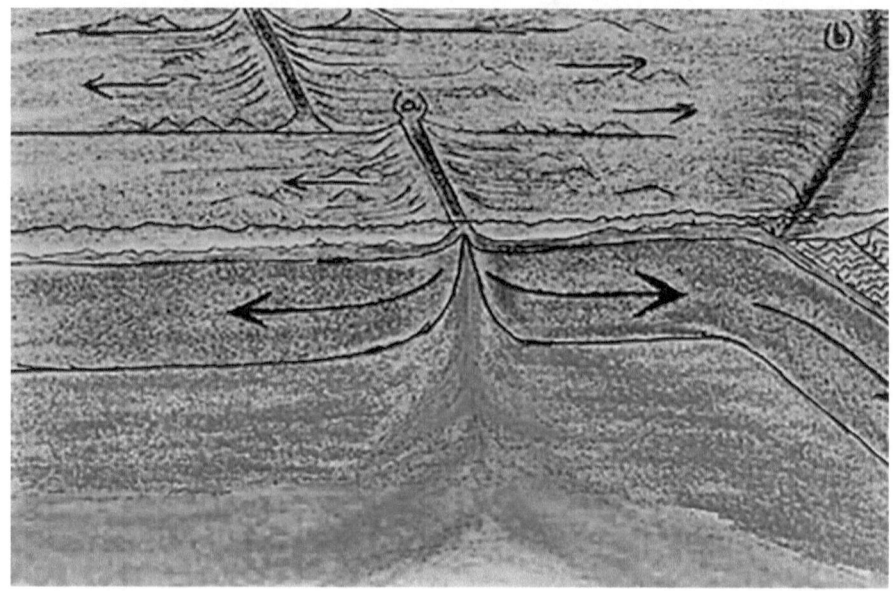

Subducción de la corteza oceánica formando una fosa (b) paralela a la línea de costa y una cadena de montañas pericoceánicas (c); (a) Rift de la Dorsal oceánica; (d) sedimentos plegados y fallados; (f) fusión de parte de la placa y ascenso de magma formando volcanes.

de la costa del océano Pacifico en la mayor parte de sus bordes y atestiguan el regreso de la corteza oceánica al interior de la Tierra. Pero este proceso es violento y genera un rozamiento y una fricción enormes, lo que provoca la liberación de energía en forma de terremotos cada vez que la corteza se hunde un poco más, ya que el proceso no es continuo, sino "a saltos o trompicones", con dificultad, produciéndose atascos en el regreso de la corteza oceánica al interior.

Los esfuerzos por el crecimiento y expansión de la corteza oceánica generada en las Dorsales provocan; primero el choque de estas placas, y luego el hundimiento de la más densa bajo la menos densa. Cómo podemos imaginar este hundimiento y regreso a las profundidades de la corteza oceánica es brusco y violento, debido al enorme peso de una placa sobre la otra y al enorme rozamiento.

Los terremotos asociados a este hundimiento se producen cuando la placa oceánica se libera un poco del atascamiento producido por la placa de encima, introduciéndose así un poco más hacia el interior.

El calor que se genera en estas enormes fricciones, así como el gradiente geotérmico de profundidad, hacen que parte de la placa oceánica comience a fundirse y a formar un magma que, aprovechando las fracturas que estos violentos procesos producen en la corteza de encima, se abre paso por estas grietas hasta salir al exterior formando volcanes, lo que le da más espectacularidad al proceso, convirtiendo las orillas del océano pacifico, donde ocurren la mayoría de la subducción terrestre, en el "**cinturón de fuego**", nombre con el que los antiguos navegantes conocían a las tierras litorales de este océano, que van desde la Patagonia hasta las Filipinas y la Indonesia más oriental.

La fusión de la placa oceánica se realiza con un poco de agua que se incorpora al interior en el proceso de subducción, esto le confiere al magma generado en dicho proceso unas peculiaridades muy características de los volcanes del Pacifico, formándose unas rocas llamadas **Andesitas** en honor a la cordillera de los Andes, donde son abundantes. Las andesitas representan la formación de corteza continental que se genera como consecuencia de la subducción.

Pero no solo se forman rocas volcánicas en este proceso, sino también espectaculares cordilleras de rocas sedimentarias plegadas, fracturadas y por último emergidas del fondo oceánico. El raspado por fricción de los gruesos bancos de sedimentos que la erosión y el transporte de los ríos han ido depositando en el borde de la placa continental, origina el plegamiento y emersión de estos formándose cordilleras paralelas a la línea de costa y elevando, desde el fondo del océano, los restos fosilizados de los animales que lo habitaron, junto a las rocas que le dan soporte.

La subducción es un proceso muy energético y violento que genera la formación de nueva corteza continental, haciendo que los continentes crezcan al adherirse, no solo sedimentos plegados del fondo oceánico del borde continental, si no también magma nuevo, que al incorporar agua en su composición se hace menos denso que el original basáltico de la placa que subduce, de donde procede y formado en las Dorsales.

Los sedimentos plegados que forman las cordilleras no suponen incremento de la masa continental pues provienen de la erosión del continente y solo sufren una transformación, un cambio de lugar; pero la fusión de la placa junto con parte de agua y sedimentos en el proceso de subducción producirá un magma nuevo menos denso, y cuyos volcanes se adosan a las montañas sedimentarías plegadas y emergidas para formar nuevas rocas continentales, haciendo crecer el continente por acreción.

Este tipo de subducción es típico de la costa del Pacifico oriental, y la cordillera de los Andes representa de manera ejemplar, "de libro", las consecuencias de dicho proceso y el incremento del continente correspondiente que se ha ido adosando al escudo brasileño, haciendo crecer la placa y el continente sudamericano.

Existe otro tipo de subducción donde no existe masa continental con la cual chocar. Esto es cuando colisionan dos placas formadas exclusivamente por corteza oceánica. Esto es lo que está ocurriendo en la costa occidental del Pacífico. Este tipo de colisión produce el hundimiento y subducción de la placa más antigua y por tanto más fría y densa, bajo la placa más joven y por lo tanto más caliente y menos densa. La intersección de ambas placas origina en el fondo marino una profunda fosa (la fosa de la Marianas, en el Pacífico, es la más profunda de la Tierra), ya que la subducción se realiza a través de un plano inclinado de más de 45°, es rápida, sin apenas atascos, pues el peso de la corteza superior es mucho menor que en el caso anterior, donde existía una masa continental encima de la placa que subducía.

Pero igual que antes, la corteza oceánica, a medida que se va introduciendo hacia el interior de la Tierra, una parte de ella comienza a fundirse, junto con una porción de agua, y el magma generado asciende

Arcos insulares del Pacífico producidos por subducción de dos placas de corteza oceánica. Formándose una fosa en la intersección y un rosario de islas volcánicas por la fusión de la placa y ascenso del magma.

formando un conjunto de isla volcánicas con forma de arco, los llamados **"Arcos Insulares volcánicos"**.

Estos archipiélagos arqueados con la convexidad hacia el Pacifico, están espléndidamente representados en las islas Aleutianas, Kuriles, Japón, Filipinas, Marianas y Tonga. La forma arqueada es producto de la intersección y proyección de los dos planos curvos, que forman ambas secciones de la corteza terrestre.

Cuando se observa desde satélite la cordillera de los Andes y otras cordilleras, se ven configuraciones montañosas con forma de estos "Arcos Insulares", lo que denota que en su evolución la cordillera, pasó por una etapa como la anterior, lo que demuestra más todavía cómo se incrementan los continentes como consecuencia de la subducción.

A los japoneses no les queda más remedio que llevarse bien con los chinos, pues el futuro, es que Japón termine adosándose al continente asiático, desapareciendo el estrecho brazo de mar que hoy día los separa y formándose una cordillera perioceánica como los actuales Andes.

Si la corteza oceánica que subduce lleva una masa continental encima, y la otra también, terminaran colisionando ambos continentes, denominándose a este proceso: **Obducción**.

De esta manera crecen también los continentes, fusionándose dos masas continentales, como lo que ha ocurrido con la India y Asia o con Europa y Asia. La India ha sufrido un movimiento muy rápido desde el sur, hasta chocar e incrustarse en Asia. A medida que se iba acercando se iban plegando los sedimentos marinos depositados entre ambos continentes formándose la cordillera del Himalaya. Cuando al final se produjo la colisión de ambas masas continentales, parte de la India se introdujo por debajo de Asia y elevó el borde de este continente formando la meseta del Tibet, que, con sus más de 4.500 metros de altitud, constituye la altiplanicie más elevada de la Tierra

En algunos procesos de Obducción se pueden producir "pellizcos de fondo marino" entre ambas placas continentales, originado los llamados complejos **Ofiolíticos**, donde afloran las densas rocas **Peridotíticas**, que forman el Manto terrestre, junto a otras sedimentarias, marcando dichos complejos la cicatriz de esa sutura. Así ocurrió cuando se unieron Europa y Asia, quedando los Montes Urales como vestigio o cicatriz que marca esa unión.

CAPÍTULO VI

Los Puntos Calientes (Hotspot)

Al andar por las montañas
suelo elegir un lugar
donde descansar mi cuerpo
y echar mi alma a volar

Uno de los misterios más interesantes y significativos que aún no explica la teoría de la tectónica de placas, es la existencia de los **Puntos calientes** y los **Puntos triples**.

Los primeros, Hotspot, son lugares permanentes o fijos en la superficie terrestre con una gran actividad volcánica.

Actualmente el punto caliente más activo del planeta es el archipiélago de Hawái. El origen del magma que asciende por este punto es profundo, muy posiblemente del Manto, o incluso del Núcleo externo de la Tierra. Pero lo más significativo de estas perturbaciones magmáticas es su carácter fijo o estático, es decir no varían, ni se ven afectadas por el movimiento de la placa en la que se encuentran. Nos lo podemos imaginar como un soplete fijo por debajo de una placa de metal moviéndose. El fuego del soplete hará una quemadura en forma de raya a lo largo de la placa de acero, que indicaría el movimiento de esta.

Así actúa el "Punto Caliente". A medida que la placa del pacífico se mueve, se van formando un rosario de islas volcánicas, que serán más antiguas cuanto más se alejan del punto caliente. El movimiento de la placa del pacífico se puede seguir el rastro viendo las islas que deja el punto caliente desde la actual Hawái: hacia el NO las islas Midway y más al Norte la cadena submarina Emperador, hasta llegar al **arco** insular de la Aleutianas. Las islas son más antiguas cuanto más alejadas de Hawái están.

CAPÍTULO VII

Los Puntos Triples y el nacimiento de los océanos

¿Duermo, o he despertado ya?
¿Sueño, o soy soñado?
¿Es mío este cuerpo, o es un préstamo de la Tierra?
¿Soy dueño de mi Vida, o pertenece al Universo?
Es tan poderoso este Misterio,
Que solo el recordarlo, destruye sin piedad todas las certezas humanas.

Para mí particularmente, los Puntos Triples son el misterio más interesante que la teoría de la tectónica de placas encierra, por su posible relación con las formas de crecimientos de los seres vivos.

Los Puntos Triples son los lugares por donde contactan las placas anexas. Es decir, en el modelo de placas corticales que forman la corteza de la Tierra, no existe interacción de más de tres placas en un punto determinado. No existen lugares donde contacten cuatro o cinco o más placas. Los puntos triples pueden ser de todas las combinaciones posibles: tres Rift de Dorsales, dos Rift y una fosa de subducción, un Rift, una fosa y una falla transformante, dos fosas y una falla transformante, etc. Todas las combinaciones se pueden dar menos la formada por tres fallas transformantes, que es una combinación imposible por la propia dinámica de estas fallas.

La formación de una Dorsal por la fractura de una masa continental comienza con la llegada desde el interior de la Tierra de un flujo de magma, llamado una "pluma térmica", que primero eleva la zona y luego la rompe en tres partes, cómo una flor de tres pétalos abriéndose, y dando lugar al inicio de un punto triple, con forma de "Y", originando tres Rift de Dorsales en formación, empezándose a diferenciar y separar tres placas.

Este fenómeno se produjo hace relativamente poco tiempo en el vértice más suroccidental de la península Arábiga, dando lugar al nacimiento del mar Rojo, por un lado, al valle de Rift Africano por otro y al Rift que conecta con la Dorsal Índica por el otro.

El valle del Rift en África representa una fractura por donde se está abriendo un nuevo océano continuación del Mar Rojo. Este excepcional valle que se abre de norte a sur, y en él se encuentran los grandes lagos africanos y el mayor volcán del continente, el Kilimanjaro, posee tierras por debajo del nivel del mar que posiblemente se inundaran en un futuro uniéndose al mar Rojo por el norte y provocando la separación de la región más oriental de África del resto el continente.

De una manera gráfica excepcional este maravilloso valle nos muestra cómo se forman los océanos y como se separan los continentes, todo ello debido al surgimiento de una Dorsal; primero en el continente, rompiéndolo y separándolo, posteriormente, al ser más densas las rocas que emanan de esta Dorsal, se hundirán y transformará en un nuevo océano.

El punto triple es uno de los grandes misterios que más me ha fascinado, ya que, los seres vivos utilizan modelos basados en puntos triples para el diseño y crecimiento de sus estructuras biológicas. Por ejemplo, la unión de tres puntos triples forma el hexágono que es la figura geométrica más empleada en la naturaleza, por cuanto significa el mayor aprovechamiento del espacio con el menor número de estructuras. Una superficie, por ejemplo, dividida en seis hexágonos ocupa más espacio que la misma superficie dividida en seis cuadrados de igual lado; o sea, para cubrir la misma superficie con cuadrados deberíamos emplear más.

La Naturaleza es eminentemente práctica y resolutiva y las leyes de la economía se imponen para aprovechar al máximo los recursos y la energía, evitando el derroche y la improductividad. En los sistemas biológicos estas leyes son formas de expresarse la selección natural, haciendo que aquellos que mejor utilicen sus recursos, sean los que más posibilidades de evolución posean.

El diseño morfológico de muchas plantas utiliza "puntos triples" para su crecimiento en los ápices de sus yemas o asociaciones de estos en forma de hexágonos.

¿Utilizamos los seres vivos el mismo diseño en nuestras estructuras que la Tierra en las suyas por una sencilla coincidencia, o hay algo más profundo en este modelo, algo que nos relaciona mucho más allá que el simple hospedaje?

(Cuando estoy escribiendo este libro, la Nasa ha publicado la fotografía del hallazgo de una misteriosa figura hexagonal en el polo Sur de Saturno:

APOD: 2007 April 3 - A Mysterious Hexagonal Cloud System on Saturn (nasa.gov)

con unas dimensiones en el que caben cuatro planetas como la Tierra y con una asombrosa exactitud matemática en su forma. Dicha figura constituye un misterio, tanto su origen como su significado, en un planeta que es gaseoso en su mayor parte).

CAPÍTULO VIII

La Alianza

> *Vísteme con tres colores*
> *verde, rojo y azul.*
> *Verde del mirar intenso,*
> *de la Vida, de su Intento.*
> *Rojo sangre pasión,*
> *que da poder a la acción.*
> *Azul del Infinito eterno,*
> *del sentir del corazón.*
> *Vísteme con tres colores,*
> *Verde, Rojo y Azul,*
> *los colores que usa el Cosmos*
> *para dibujar la luz.*

La Tierra es el planeta Azul, como Marte es el Rojo, cuando se les ven desde la lejanía. Pero cuando nos acercamos a vista de pájaro, el color que más domina en la Tierra es el Verde, el color de la vida por excelencia, al que hoy la mayoría de las criaturas estamos ligados y dependientes: el color de la clorofila, con el que los seres vegetales fabrican "su" y "nuestro" alimento, y para más generosidad oxigenan la atmósfera con sus desechos.

¿Hay algún habitante que sea más genuinamente terrícola que los Árboles?

No lo conozco. Los árboles viven anclados en la Tierra, donde a través de sus raíces obtienen sus nutrientes minerales y agua, del aire obtienen su fuente de carbono y sus ramas se alzan al cielo para obtener el calor y la energía de nuestra estrella el Sol. Hasta sus ciclos biológicos están más en consonancia con los de la Tierra, pudiendo superar con facilidad los 1000 años. Estoy convencido de que, si alguna vez nos visitara un ser extraterrestre, en su informe del tipo de vida representativa de este singular planeta, no nos pondría a nosotros, que más que habitantes ejemplares parecemos una plaga, sino a los árboles.

A pesar de que los árboles sean, posiblemente, los seres con un mayor vínculo con la Tierra, todos los demás seres también estamos vinculados a este singular planeta, más de lo que nuestra forma de vivir hoy día sabe apreciar. La Tierra es la fuente de todo lo que somos y tenemos: del calor con el que nos cobijamos del frío espacio exterior, de la protección al enorme poder energético que emana de nuestra estrella y de otras estrellas más lejanas. Los átomos que forman nuestro cuerpo son un préstamo que tomamos de la Tierra para el viaje de la Vida y algún día les serán devueltos. Es tanto lo que la Tierra nos da, que cuesta trabajo imaginar que esta relación sea exclusivamente unilateral.

La historia de la Vida en la Tierra está llena de catástrofes y adversidades que han sido superada; en parte debido al enorme potencial que la Vida posee para superar la adversidad, en parte a que las condiciones para la expresión de esa Vida se han mantenido siempre dentro de unos límites tolerables. No tenemos más que mirar al cielo y ver al planeta Marte, sin Vida aparente, pero con posible rastro de haberla tenido en un pasado. Sus condiciones físicas se han convertido en inhóspitas e inviables para las formas de vida superiores (pluricelulares), como las terrestres.

Sin embargo, la Tierra, de momento, no ha variado sus condiciones ambiéntales como para poner en peligro a sus formas de vida superiores. ¡Y mira que han ocurrido catástrofes, muchas de las cuales empequeñecen la imaginación de los mejores directores de cine de ficción de Hollywood!.

Hace unos 250 millones de años, la Era Primaria termina con la desaparición de casi el 90% de las especies marinas y el 70% de las pocas terrestres que habitaban la Tierra en aquella época. Conocida

Abeto Pinsapo de la Sierra de las Nieves. Serranía de Ronda (Málaga)

como la extinción del Pérmico, periodo que pone fin a dicha Era, es la mayor extinción de la Vida acontecida en este planeta. Sus causas siguen siendo un enigma, barajándose varias posibilidades, que van desde un gran impacto cósmico, hasta una inusitada actividad volcánica, o ambas a la vez.

Doscientos millones de años más tarde, en las postrimerías del periodo Cretácico, el 65% de las especies volvió a desaparecer, poniendo fin a la Era Secundaria, de los grandes dinosaurios. Esta vez parece estar documentado sólidamente, que se debió al impacto de un asteroide, que cayó allá por donde hoy se encuentra el golfo de México.

Las eras geológicas están marcadas por la desaparición de unas formas de vida y la aparición de otras nuevas, pero dentro de ellas hay centenares de pequeñas desapariciones cuyas causas siguen siendo un misterio.

Pero a pesar de las catástrofes, las condiciones de vida nunca han sobrepasado los límites de lo imposible de superar y la Vida ha ido creciendo y evolucionando, modificando ella misma las condiciones para su mejor desarrollo. La historia de la Vida es una historia de lucha contra la adversidad, "de comer y no ser comido", de búsqueda de cobijo y protección frente a las inclemencias, de búsqueda y lucha por un compañero/a, por el puesto en la jerarquía social, por la defensa de la prole, etc.

Uno de los mecanismos más eficaces en esa lucha contra la adversidad ha sido y es, el unir voluntades y esfuerzos entre especies diferentes, pero con un mismo fin: superar las contrariedades del destino y crear nuevas posibilidades.

Así surgió la Simbiosis o el apoyo mutuo de especies diferentes, que permitió a las bacterias y organismos procariotas dar el paso a las células eucariotas, al dotarse de estructuras de membranas internas como el Núcleo, donde guardar y proteger el cada vez más complejo y delicado ADN, que a su vez codifica actividades celulares más complejas. Hay quien piensa que el Núcleo celular es producto de simbiosis entre células procariotas de diferentes tamaños.

Es muy posible que la Simbiosis permitiera a las células eucariotas incorporar pequeñas Bacterias en sus citoplasmas con complejos enzimáticos capaces de hacer frente a la cada vez mayor concentración de oxígeno en la atmósfera, e incluso de sacarle un mayor aprovechamiento energético a esa nueva realidad. Se incorporaron las mitocondrias al citoplasma de las nuevas células, convirtiéndose en los orgánulos encargados de la respiración aeróbica.

Es también muy posible que una Simbiosis parecida incorporara bacterias fotosintéticas al citoplasma de células mayores, formándose los cloroplastos, permitiendo la aparición del Reino Vegetal y el aprovechamiento de una nueva fuente inagotable de energía, en forma de luz, que empezaba a llegar a la superficie de la Tierra.

Mitocondrias y Cloroplastos, son dos orgánulos citoplasmáticos con ADN propio, muy importantes en el trasiego energético celular que abrieron caminos evolutivos nuevos y posibilitaron el paso a la pluricelularidad mediante la cooperación entre las células.

La Simbiosis es una relación interespecífica muy utilizada por la Vida en la Tierra. Gracias a ella, les permite a los Líquenes colonizar y vivir en medios muy inhóspitos, como desiertos y/o rocas desnudas, y en condiciones muy extremas en los polos. Los líquenes son un ejemplo de Simbiosis "de libro", donde colaboran un Alga microscópica unicelular, que mediante la fotosíntesis fabrica el alimento, y un Hongo pluricelular que le da cobijo, protección y le suministra los aportes minerales. Son muy ejemplarizantes la Simbiosis de algas y pólipos que forman los arrecifes de coral, o las Micorrizas que son hongos que viven en las raíces de algunos árboles, ayudándoles a generar los frondosos bosques, gracias a un mayor y más rápido crecimiento en sus primeras etapas, las más vulnerables. Hasta las bellas y fascinantes Orquídeas, necesitan de un hongo microscópico en sus primeras etapas para germinar y llegar a adultos, como bien saben los cultivadores de estas plantas.

Nuestra "flora bacteriana intestinal", que nos aporta algunas vitaminas y ayuda en el proceso digestivo, o la de los herbívoros que les permite utilizar la celulosa como fuente de glucosa, son algunos ejemplos de lo extendida y de la importancia que tiene este "apoyo

Dos Abetos Pinsapos, de la Serranía de Ronda (Andalucía en el Sur de España), han crecido tan juntos que en vez de luchar por ver quien se quedaba con el trozo de bosque, quizás decidieron cooperar entrelazándose, para así formar un solo individuo. Hoy día alcanzan de más de 20 metros de altura y dos de diámetro, gozando de muy buena salud

mutuo" entre especies diferentes y que tienen un mismo fin: hacer frente a la adversidad y abrir nuevos caminos evolutivos que expandan el potencial biológico.

La **Simbiosis** es una **Alianza** entre especies diferentes unidas por el vínculo de la supervivencia, para hacer frente a las hostilidades que el Universo plantea a todo lo que existe, no porque el Universo sea "malo", ni "bueno", sino porque es la expresión de la enorme energía que mantiene su existencia.

Cuando veo la Tierra y todo lo que ofrece a la vida con ojos de biólogo, lo primero que se me viene a la cabeza es: ¿Pudiera existir una simbiosis entre la Tierra y la Vida?

Lo que la Tierra ofrece a la Vida parece obvio. Es el soporte y la matriz de esta, la ha ayudado a que se exprese con una fuerza, representada por su diversidad actual y pasada, que no existe comparación en el espacio que conocemos, el Sistema Solar. Es posible que la Tierra no diera origen a la Vida, pero sin duda la ha abrigado, potenciado y ayudado a reponerse después de las catástrofes, de una manera ejemplar.

De la misma manera, ¿Qué le ofrece la Vida a la Tierra? Como indique al principio de esta historia la Vida le permite a la Tierra luchar contra la ley inexorable del "aumento de entropía del sistema", evitando la perdida incontrolada de su energía interna, ralentizando sus efectos, es decir, le permite prolongar su "juventud", paliando en parte los efectos de una "vejez", por otro lado, inevitable.

La Tierra, como consecuencia de su propia dinámica, está continuamente creando y destruyendo **corteza oceánica**. Creándola a través de las Dorsales, y destruyéndola a través de las fosas oceánicas o zonas de Subducción. La corteza oceánica es la piel de la Tierra que se recicla continuamente.

Como consecuencia del reciclado de esta piel densa de corteza oceánica, en las zonas de subducción se va originando otra piel menos densa, **la corteza continental**, formada por cordilleras perioceánicas de rocas sedimentarias y volcánicas. Esta piel, por su menor densidad, flota y descansa sobre la otra más densa, lo que no le permite el reciclado por subducción. Los continentes no se pueden reciclar, no subducen y por tanto van creciendo con el tiempo en detrimento de los océanos, que van disminuyendo.

Hay que tener en cuenta, que no todas las rocas que se generan en las zonas de subducción son rocas sedimentarias plegadas, las cuales provienen de otras rocas continentales erosionadas, transportadas por los ríos y depositadas en el fondo del mar como estratos. Junto a estas hay una gran cantidad de rocas volcánicas nuevas, que proceden de la fusión parcial de la placa que subduce mezclada con una porción de agua y sedimentos, lo que las convierte en rocas volcánicas menos densas que las basálticas oceánicas de las que proceden.

La subducción es un proceso inexorable. Crea una **callosidad** en forma de **continentes**, en la joven y dinámica piel basáltica de corteza oceánica. Estos continentes se pueden unir por choque de masas continentales (Obducción) o por acreción de microplacas, aumentando con el tiempo en extensión. Pueden nuevamente partirse por la actividad de nuevas Dorsales y formar nuevos océanos, a lo que le seguirá la Subducción inevitable que genera el dinamismo de Dorsales y el choque de las Placas, haciendo que aparezcan nuevos fenómenos magmáticos en forma de Arcos de Islas Volcánicas y de nuevas cordilleras perioceánicas.

Cordilleras antiguas erosionadas y transformadas en macizos de rocas metamórficas, forman los escudos continentales, a los que se adosan las nuevas cordilleras, así sucesivamente, para formar con el tiempo núcleos continentales mayores y más gruesos, a medida que se incorporan nuevas rocas volcánicas que serán transformadas en metamórficas por el choque y presión consiguiente de las placas, el magmatismo orogénico y el confinamiento profundo en el interior de la corteza continental.

De esta forma se ha ido formando el rico elenco de rocas que constituyen los continentes, por supuesto, sin dejar de actuar los agentes atmosféricos que limpian, pulen, erosionan e interactúan con todas las rocas que afloran a la superficie de la Tierra, enriqueciendo aún más este mosaico de minerales, al añadirles componentes atmosféricos a los productos del interior terrestre y reordenar sus átomos y moléculas a las nuevas condiciones de presión y temperatura, que existe en la superficie.

El paso del tiempo afecta a la Tierra formando una gruesa piel de corteza continental, sin apenas corteza oceánica, donde su menguada energía interna, disipada por la frenética forma que tiene el planeta de expresar su dinamismo, sería incapaz de volver a crearla; ya que, para colmo, necesitaría romper unos continentes cada vez más gruesos y grandes, y moverlos como lo ha hecho a lo largo de su dilatada vida.

Una Tierra vieja estaría formada casi exclusivamente por una gruesa corteza continental, que sería casi imposible romper y mover, pues necesitaría una energía que ya no posee. La energía original de su creación se ha ido disipando y transformando en una gruesa callosidad de corteza ligera, de rocas sedimentarias, metamórficas y volcánicas, que apenas vibra ni se estremece con terremotos, como lo hacía en su juventud, pues carece de la energía necesaria para romper su gruesa corteza.

Pero la Vida sobre la superficie de la Tierra puede ralentizar este inexorable proceso de envejecimiento.

Los primeros geólogos que estudiaron con rigor las cordilleras desarrollaron una teoría muy sugerente para explicar la formación de estas enormes masas de rocas plegadas, fracturadas y emergidas. La denominaron **Teoría del Geosinclinal**, y desarrollaba un modelo de evolución de las cuencas sedimentarias que se transformaban con el tiempo en cordilleras. Dicha teoría indicaba que casi todas las cordilleras pasan por una primera etapa en la que los sedimentos se depositan en los mares, formando surcos paralelos a la línea de costa.

Esta etapa de sedimentación continuaba hasta formar una gruesa capa de sedimentos, que se iba hundiendo cada vez más en la corteza como consecuencia de su propio peso, hasta contactar con las zonas calientes del interior, lo que desencadenaba su plegamiento y emersión. La teoría del Geosinclinal indicaba que se producía un hundimiento o subsidencia de los sedimentos, antes de plegarse y emerger.

La teoría era sugerente porque, aun desconociendo el modelo de placas corticales y la subducción, sugería la existencia de profundas fosas donde se hundían los sedimentos, para luego emerger plegados y mezclados con rocas volcánicas. Admitía que el peso de los sedimentos hacía que se hundieran en la corteza pudiéndola romper, hasta contactar con las zonas profundas y calientes. Este hundimiento y contacto con las zonas calientes profundas de la Tierra, reactivaba misteriosas fuerzas orogénicas que plegaban y emergían los sedimentos formando las cordilleras.

No estaban mal encaminados estos geólogos, efectivamente según indica la tectónica de placas, la corteza se rompe y subduce hasta que parte de ella se funde y forma un magma que emerge con los sedimentos, en el proceso de la Subducción, para formar cordilleras perioceánicas.

En algunos lugares de la Tierra los sedimentos acumulados en las desembocaduras de los grandes ríos forman depósitos de más de una decena de kilómetros de espesor. La cuestión radica en si esas potentes series de sedimentos son capaces de hundirse hasta romper la corteza oceánica y desencadenar la subducción.

Personalmente creo que sí. La parte más débil de la corteza terrestre, es la zona de transición donde se unen las dos cortezas: la continental y la oceánica y esto ocurre, no en la línea de costa, sino muchos kilómetros mar adentro, a cientos de metros de profundidad, donde termina la Plataforma Continental, que es la parte del continente que se prolonga suavemente hacia el interior de los océanos, a veces centenares de kilómetros. Luego esta plataforma se interrumpe abruptamente y con una gran pendiente se dirige hacia las profundidades oceánicas, formando el Talud y comienza la corteza oceánica.

Ahí, en la base del Talud, se pueden acumular depósitos de sedimentos de varios kilómetros, algunos llegados en avalanchas desde la plataforma, en forma de aludes de arena y lodo denominadas "corrientes de turbidez", que a veces alcanzan dimensiones planetarias de miles de km^2, pudiendo poner en riesgo las comunicaciones submarinas intercontinentales por roturas de los cables telefónicos.

Es aquí donde está el punto más débil de la corteza terrestre, una zona fácil de romperse, como bien saben los habitantes de las **Islas**

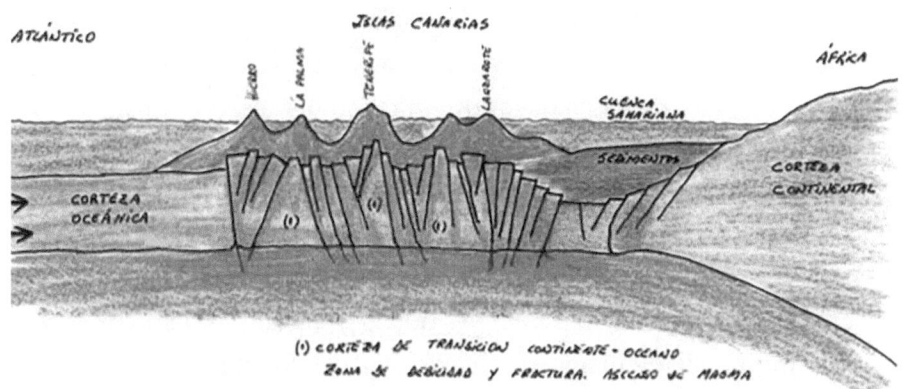

Imagen de la geología de la Islas Canarias, donde se muestra las fracturas que se han originado en la corteza oceánica en el límite con la continental, por donde ha salido el magma que ha originado las islas. (Según Vicente Araña y Juan C. Carracedo)

Canarias, ya que estas islas se formaron por ruptura de la corteza y salida de magma del interior, en la zona de contacto de ambas cortezas: continental y oceánica. Es posible que las islas Canarias, representen la futura zona de subducción del Atlántico oriental, habida cuenta que este gran océano se está expandiendo desde hace unos 150 millones de años y no posee subducción en sus orillas, salvo la que se está formando en su parte más occidental, en el Caribe, donde ya se ha formado una fosa, la de Puerto Rico.

¿Qué es lo que hace que los sedimentos se vayan acumulando en los fondos oceánicos? Evidentemente la erosión implacable a la que está sometidas todas las rocas que afloran en los continentes. Pero esa erosión no siempre es igual de activa. Los geólogos saben que la Tierra pasa por periodos de intensa erosión, donde se forman grandes bancos de sedimentos en sus mares, denominada **Rexistasia**, a la que le siguen fases de tranquilidad erosiva, donde los depósitos sedimentarios son pequeños, denominada Biostaxia.

La fase de Biostaxia se debe al desarrollo de una cubierta vegetal extensa sobre la superficie de la Tierra, que aminora los procesos erosivos. Muchos veranos, por desgracia, en la región de Galicia al noroeste de España, se registran una oleada de incendios forestales que devastan amplias zonas de bosques. En los inviernos que les siguen, las lluvias ocasionan la llegada de toneladas de suelo del bosque a las ricas y productivas "Rías", que son valles fluviales inundados por el mar, donde desde antaño se cultivan moluscos, produciendo un daño considerable. Por supuesto que este incidente es una anécdota puntual, pero viendo casos puntuales como este, de los que por desgracia habremos sido testigos en algún momento de nuestra vida, podemos imaginar cómo sería la erosión de no existir cubierta vegetal sobre la Tierra.

Sin esta cubierta vegetal, la implacable erosión acarrearía una ingente cantidad de arena, barro y lodo a los mares, provocando a lo largo del tiempo, el acumulo de gigantescos bancos de sedimentos sobre los fondos marinos, que como consecuencia de su peso se hundirían más y más, hasta romper la corteza oceánica, sobre todo en su parte más débil, allí donde contactan la corteza continental y la oceánica, desencadenando la implacable subducción.

La ruptura de la corteza oceánica y la subsiguiente subducción es un proceso muy drástico que conlleva la formación de cordilleras perioceánicas, con la consiguiente incorporación de magmas ligeros, por fusión de parte de la placa con una porción de agua y sedimentos, y un crecimiento de la corteza continental y de los continentes en general, en detrimento de la corteza oceánica.

La subducción supone una activación de los procesos sísmicos, volcánicos y orogénicos. Una disipación de la energía interna del planeta que se transforma con el tiempo, en gruesa corteza continental.

Erosión y subducción llevan a un engrosamiento de la piel de la Tierra, de esa "piel callosa" que forman los continentes, a costa de la disminución de la otra piel densa y dinámica, de corteza oceánica, que se genera y destruye y vuelve a generar constantemente mientras el planeta es joven y tiene energía con la que hacerlo.

La erosión, en definitiva, reactiva e incrementa los procesos de subducción y supone disipar de manera violenta y rápida, la energía interna del planeta, una energía que es finita y concreta.

La subducción es un proceso inexorable e inevitable producto de la generación continua de corteza oceánica en las Dorsales. Se produce por ruptura de esta corteza en los puntos más débiles, en el contacto de las dos cortezas. Se debe de producir para contrarrestar el crecimiento continuo de corteza en las Dorsales, pero su velocidad y ritmo puede ser atenuado, en parte, al disminuir la velocidad de sedimentación en los océanos.

La existencia de la Vida sobre la superficie de la Tierra, sobre todo sus extensos bosques y selvas, suponen una ventaja que aminora la erosión de los continentes, haciendo que los ríos bajen al mar sin una gran carga de sedimentos, sus aguas fluyan más limpias a los océanos, lo que conlleva una ralentización de la sedimentación marina y por consiguiente retrasa la ruptura de la corteza y la formación de los procesos de subducción.

La Tierra y todos los seres vivos disipan su energía interna en un proceso inexorable. Pero es posible retrasar dicho proceso y casi todos los seres luchan, buscando estrategias para conseguir ese fin.

En el caso de la Tierra, no es lo mismo que los bordes continentales de un océano en expansión, como el Atlántico, estén cargados de sedimentos hundiéndose y por tanto con facilidad para romperse, que no posean tanta carga sedimentaria en estos bordes. La ruptura inevitable se produciría cuando el juego de fuerzas del conjunto de las Dorsales lo determine. Por ejemplo, mientras exista subducción en la costa pacífica sudamericana, la Dorsal del atlántico sur puede expandirse sin dificultad por el lado más occidental. Por el lado oriental de África, dependerá de la fuerza con que la otra Dorsal del Rift Valley africano se expanda. Pero si a este juego de fuerzas opuestas le añadimos debilidad por alguno de sus puntos, es comprensible que se rompan por estos. Como dice el refrán: "siempre se rompe la cuerda por el lado más débil". La acumulación de enormes bancos de sedimentos y el peso que estos generan, puede favorecer la aparición de zonas de debilidad en esta corteza produciendo su rompimiento y fractura, y la subsiguiente subducción con sus procesos asociados.

Una cubierta vegetal exuberante de extensos bosques y selvas, de praderas y paramos, de verdor por doquier, como la que hubo en la Península Ibérica, antes de la romanización, donde según el cronista griego Heródoto, "una ardilla podía ir de Gibraltar a los Pirineos sin bajarse de los árboles", es sin duda alguna el mayor aliado de la Tierra en su lucha contra la entropía, contra el envejecimiento, contra la formación de una gruesa corteza continental.

Y si así estaba la península ibérica, como estaría la cuenca del Amazonas, o la Selva Negra Europea, o la inmensa selva ecuatorial de África o de Indonesia, o el gran bosque verde boreal de la Tundra.

Hubo un tiempo, no muy lejano, en donde la Tierra había llegado a ser un planeta azul cubierto por una extensa alfombra verde de Vida. Después del último periodo glaciar, antes de la gran revolución Neolítica, de la invención de la agricultura, que llevo a la tala organizada de los bosques, el planeta era sin duda un gran vergel, donde los ríos bajarían al mar con una menor carga sedimentaria y la alianza de la Tierra y la Vida, estaría pasando por unos de sus mejores momentos.

La Vida y la Tierra habían sellado una Alianza hasta que la humanidad cambio su modo de vida en el Neolítico y empezó a poner en crisis esta alianza, pero sobre todo a partir de la revolución industrial, cuando se desarrolló la maquinaria y los métodos de explotación y expoliación sistemática de bosques y selvas, como nunca se habían producido en la historia de la Tierra.

El que la Tierra ralentice su entropía se debe también, en parte a la existencia de una gran masa de agua. Es paradójico que la misma agua que favorece la creación de una corteza continental, sea también responsable de que se disipe con suavidad la energía interna del planeta.

La gran masa de agua que cubre la Tierra ha evitado que el planeta pierda con rapidez su energía interna, ha "enfriado" los procesos magmáticos y ha configurado en parte la morfología de las Dorsales, haciendo que la energía interna del planeta se vaya expresando en la creación de corteza oceánica, de una manera lenta y continua.

El agua es una molécula liviana y grácil, que mientras esté en estados líquido y sólido se mantiene estable sobre la faz de la Tierra, pero cuando pasa al estado gaseoso, la potente radiación solar, sin el filtro de la atmosfera, la descompone en Hidrógeno y Oxígeno. Este último puede ser retenido por la gravedad terrestre, pero en cambio el Hidrogeno es demasiado ligero como para ser retenido y se escapa al espacio sin remedio (no hay apenas hidrogeno en la atmosfera terrestre, a pesar de su abundancia en el Universo).

El que la Tierra mantenga todavía una gran masa de agua líquida se debe en parte a la existencia de una potente y activa atmosfera que protege a la molécula de agua de su descomposición. Y la atmosfera actual es producto, en parte, de la interacción de la Tierra con la Vida.

El agua es una molécula muy especial con cualidades aparentemente contrapuestas. Así, por ejemplo, facilita la formación de corteza continental por disolución y disminución de la densidad de las rocas magmáticas primitivas, lo que favorece el envejecimiento y el aumento de la entropía de la Tierra. Pero, por otro lado, las grandes masas de agua de océanos y mares ayudan a enfriar lentamente la corteza evitando que se disipe con rapidez el calor interno de la Tierra, y por tanto su energía interna primigenia, el calor de formación, su fuente primaria de energía.

En el mantenimiento de esas enormes cantidades de agua líquida la Vida vuelve a ser aliada de la Tierra. La formación de la capa de Ozono, en la estratosfera, es la mayor defensa contra la potente radiación ultravioleta, que no solo afecta a la organización y mantenimiento del material genético de los seres vivos, sino también a la descomposición de la molécula de agua en la troposfera, la capa atmosférica más en contacto con la superficie. Una descomposición que no es reversible, pues el hidrógeno resultante escapa al espacio debido a su escaso peso.

Esta capa de ozono tardó tiempo en formarse. Al principio el oxígeno provenía del metabolismo anaeróbico de las primitivas formas de Vida y posiblemente por ruptura de la molécula de agua, debida a la radiación de onda corta del vigoroso Sol de entonces. A medida que la atmosfera se iba haciendo más rica en oxígeno, este se iba acumulando en las capas más altas y por la misma radiación ultravioleta se transformaba en Ozono. Esta capa de Ozono permitió la salida de la vida del mar y la conquista de los continentes, pues hasta entonces, la única protección frente a los rayos UVA, era la que ofrecía una capa de agua de unos tres metros de espesor. Una vez formada la capa de ozono, la mayor fuente de oxígeno en la Tierra fue la fotosíntesis de los seres vivos vegetales.

La conquista de los continentes, primero por vegetales y luego por los animales, se hizo hace relativamente poco tiempo, a mediados de la Era Primaria hace unos 300 millones de años. Hasta entonces la Alianza de la Tierra con la Vida consistiría en potenciar y cobijar a las incipientes formas de vida fotosintéticas, que producían grandes cantidades de oxígeno que se transformaría en Ozono en las capas altas de la atmósfera. Posteriormente con la conquista de la tierra firme por parte de los vegetales, la Alianza se tornó en proteger y potenciar estos nuevos organismos que, utilizando su gran potencial biológico, se expandieron pronto constituyendo las ricas selvas y bosques litorales, y que, con su muerte y posterior enterramiento, formaron los grandes depósitos de carbón durante la era primaria. Los grandes bosques y selvas continuaron expandiéndose por la faz del planeta, soportando adversidades y cataclismos, pero sobreponiéndose a estas con una maravillosa expresión de diversidad y adaptación.

Hace unos 15.000 años, después del último periodo glaciar, se alcanzó el cenit de la vida vegetal en el planeta y las diferentes formaciones vegetales se fueron extendiendo y conquistando la tierra firme a medida que los hielos se iban retirando, una vez más.

En resumen, la cubierta verde de Vida que crece sobre la faz de la Tierra le ofrece dos tipos de beneficios a esta:

- Por un lado, aminora la erosión, que colmata los mares, por su parte más débil en la unión de la corteza continental y oceánica, pudiendo romper esta corteza y desencadenar procesos de subducción, con el crecimiento de los continentes aparejado, y formación de una gruesa piel de corteza continental, cada vez más difícil de romper, mover y reciclar.
- Por otro, al formarse la capa de ozono por el acumulo de oxígeno que producen los vegetales en la fotosíntesis, se protege la molécula de agua de su descomposición irreversible, ya que el hidrogeno, por su poco peso, se perdería en el espacio.

Ambos procesos favorecen que la Tierra vaya disipando lentamente su energía interna, evitando su rápida perdida, y su consiguiente envejecimiento prematuro.

Para comprender un poco mejor lo que la Vida le ofrece a la Tierra, debemos de mirar a nuestro planeta vecino Marte.

Marte es un planeta más pequeño que la Tierra, con la mitad de diámetro y con una masa diez veces menor, pero disipa su energía interna de una manera bestial. Posee el mayor volcán del Sistema Solar, el Monte Olympus, con más de 27 kilómetros de altura desde su base y con una extensión de más de la mitad de la Península Ibérica (el Monte Everest medido así, desde el fondo del océano, tiene algo más de 13 km de altura). Próximo a su ecuador aparecen unas fracturas, el Valle Marineris, que dan origen a una red de cañones con dimensiones colosales, donde caben varias veces el Gran Cañón de Colorado, además sobre su superficie existe un buen número de grandes y violentos episodios volcánicos.

Marte es un planeta pequeño donde los eventos geológicos, que implican un gran gasto de energía interna, se han producido a escala gigantesca.

Es posible que Marte tuviera Agua y posiblemente Vida, en un pasado remoto, pero por causas que nos son desconocidas, perdió ambas o, mejor dicho, desaparecieron de su superficie.

El planeta rojo no tiene aliados contra la pérdida de su energía interna y esta parece hacerlo de forma descomunal, a través de la formación de grandes volcanes y fallas.

Esta pérdida de la energía interna quizás se traduzca también en el exiguo campo magnético que el planeta posee. Se me escapa la relación que pudiera existir entre la pérdida rápida de su energía interna y la disminución del campo magnético, pero, como sabemos, el campo magnético es la primera y más eficaz barrera de protección de la Vida de las radiaciones ionizantes del espacio exterior.

Quizás la Vida en Marte se eclipsó al disminuir su campo magnético, o bien la relación pudo ser inversa. Quizás la Vida y el Agua desaparecieron del planeta rojo, lo que provocó la pérdida incontrolada de su energía interna y esta una disminución de su campo magnético.

Cuando se comparan ambos planetas se observa a una Tierra pletórica de energía, cubierta de agua en sus dos terceras partes, con una dinámica corteza de placas en movimiento, un potente campo magnético y una Vida diversa e igualmente rebosante de energía creadora, que se desarrolla en todos los rincones del planeta y que, en **Alianza** con este, le ayuda a disipar lentamente su energía interna. Una Alianza entre la Tierra y la Vida que hace que los dos, hasta el momento, tengan una buena salud.

Pero al hablar de Alianzas entre la Tierra y la Vida estoy dando por sentado que la Tierra es mucho más que una bola de rocas, agua y gases viajando por los fríos espacios siderales, dando vueltas alrededor de su estrella, el Sol.

Para nosotros, los seres orgánicos que vivimos en la Tierra, la Vida se nos presenta construida con los cuatro átomos básicos que forman el esqueleto químico de la materia viva: Carbono, Hidrogeno, Oxigeno y Nitrógeno. Asumimos, a pesar de vivir en el Gran Misterio de la Existencia, que la vida debe de ser a imagen y semejanza de como lo es a nuestro alrededor, (¡y mira que hay más de 90 elementos químicos, con los que confeccionar otro esqueleto diferente al orgánico!). Es lógico tener referencias cuando navegamos por el "Océano Etéreo e Infinito" del Universo, sin embargo, las referencias no deben de cegarnos ante hechos, que, aunque incomprensibles, son manifestaciones de otras realidades diferentes a la nuestra.

La Tierra como planeta nos está desvelando con sus manifestaciones energéticas de tectónica y su obstinada conservación de la frágil vida orgánica, que está animada con algo que para nosotros es una cualidad de la propia Vida: **Conciencia.** "*Conciencia de ser*", de estar vivo, de saber, por los caminos que sean, instintivos, intuitivos o reflexivos, lo más conveniente para la conservación de esa conciencia. La Tierra tiene como su gran aliado en esta tarea a la Vida orgánica, la cual le ayuda a conserva su vitalidad, a paliar las consecuencias del aumento de su entropía y del aumento del desorden de sus estructuras, que como ya he indicado, se manifiesta en la Tierra por el aumento en grosor y extensión de su corteza continental, a costa de su delgada y dinámica corteza oceánica y también, a la pérdida del agua en estado líquido y gaseoso de su superficie.

El aumento de la entropía lleva a los muy organizados y dinámicos sistemas vivos a la muerte, y es una regla fundamental de juego en este tablero del Universo, para todo lo que aquí existe.

Que la Tierra protege y potencia a la Vida orgánica, es algo que se puede constatar al analizar las profundas crisis que la Vida ha tenido a lo largo de su evolución, y de cómo se ha repuesto. Algunos pensaran que esto se debe al enorme potencial de la propia vida, y es verdad, en parte; pero la Tierra no ha cambiado drásticamente sus condiciones favorables para la vida, a pesar de que tiene potencial para hacerlo.

En diciembre del 2004 fuimos testigos del violento Tsunami que arraso las costas de Indonesia y que ocasiono la muerte de más de 250.000 personas y de un número indeterminado de otros seres vivos. ¿Podrían repetirse estos eventos, hasta hacer inviable la forma actual de vida de la Humanidad en las grandes ciudades de las zonas sísmicas y costeras?

Hay vestigios de que, en épocas de intensa actividad orogénica, la Tierra pasa por periodos de inusitada violencia telúrica. Los sedimentos Flysch y las series de rocas sedimentarias Turbidíticas, así parecen atestiguarlo. Son series de sedimentos formados en épocas de gran actividad tectónica, con terremotos que provocan grandes avalanchas en forma de corrientes de turbidez, desde la plataforma continental, a través del Talud, hasta el fondo del océano, seguida por cortos periodos de calma. Esto hace que las series Flysch estén formadas por una alternancia de rocas de grano grueso (areniscas), formadas en épocas de alta energía telúrica, y rocas de grano fino (arcillas), formadas en época de calma.

Existen eventos de una inusitada energía en determinados ambientes sedimentarios, que se pone de manifiesto en la formación de conglomerados con granos de varios decímetros de aristas afiladas, que denotan poco transporte y al mismo tiempo manifiestan desgarro y fractura en su formación y su sedimentación, producto de grandes terremotos y fracturas asociadas a estos.

Hay pruebas de épocas de intensa actividad volcánica que pueden poner en serio peligro la vida superior en el planeta. Nubes tóxicas y cenizas ardientes, pueden alterar gravemente la atmosfera de la que dependen todas las formas de vida superior (pluricelular).

Respecto a los cambios climáticos, posiblemente hayan sido la causa de más de una extinción. Glaciaciones de centenares de miles de años, sequias de millones de años, como la habida en el Triásico, al principio de la era secundaria, probablemente el periodo más seco de la historia de la Tierra, con una duración de más de un centenar de millones de años.

O periodos de lluvias con inundaciones, que empequeñecen al diluvio bíblico.

La atmósfera es la capa más externa de la Tierra, la que está en contacto directo con nuestra estrella, el Sol. Los cambios de la estrella repercuten directamente en la atmósfera, por lo que seguramente el Sol es el responsable de muchos de los cambios climáticos del pasado y del futuro. No obstante, hay otros cambios que no están tan directamente relacionados son el Sol: misteriosas corrientes cálidas, sin periodicidad constante, alteran profundamente el clima de los continentes situados a orillas del océano pacífico, conocida por el Niño, se ha hecho popularmente famosa en los últimos años. Esta alteración en las corrientes oceánicas normales, carecen de explicación y sus causas pueden estar muy directamente relacionadas con la dinámica cortical de la propia Tierra. Las alteraciones de los océanos afectan profundamente a la Atmósfera y al clima terrestre.

Los geólogos, que son los que mejor conocen el pasado de la Tierra, saben que existen eventos de una extraordinaria violencia y energía atestiguados en sus rocas y si "el presente es la clave del pasado", también el pasado nos da claves de lo que pudiera ser el presente y los acontecimientos que han ocurrido, pueden volver a ocurrir otra vez.

¿Puede la Tierra, alterar estas condiciones a voluntad? Se me escapa la respuesta, pero viendo como la Tierra expresa su energía interna a través de la Dorsales, del movimiento de la Placas y de la formación de su piel, la corteza, no me extrañaría que pudiera hacerlo.

Damos por hecho que la vida debe de ser conforme a los patrones que vemos en la vida orgánica, donde la materia viva se organiza en torno al átomo de Carbono. Pero ¿Qué ocurriría si la Vida se pudiera organizar en torno a otros átomos, como por ejemplo el Silicio? Por cierto, el Silicio y el Carbono lo tenemos agrupados en el mismo periodo y los dos tienen propiedades muy semejantes, como la de formar grandes polímeros: los de carbono macromoléculas de polisacáridos y proteínas;

Atardecer de invierno en las montañas de peridotitas de la Serranía de Ronda (Málaga), Sur de España.

los del Silicio, macromoléculas de Silicatos, y los Silicatos constituyen la organización fundamental de los minerales que forman la corteza terrestre.

La Vida orgánica utiliza fuentes de energía basada en la descomposición de moléculas de carbono. La Tierra podría utilizar fuentes de energía equiparables a su tamaño, basadas en la desintegración de elementos radioactivos, o quizás pudiera utilizar su gran energía remanente de formación, es decir la energía que se le imprimió en su origen y que, gracias a su corteza y a la Vida orgánica, evita que esta se disipe con rapidez al espacio, administrándola lentamente a lo largo de su vida.

Evidentemente la Tierra no utiliza la nutrición como mecanismo de intercambio de materia y energía con su medio, como lo hacemos los seres vivos orgánicos, que tenemos que crecer, luchar, encontrar alimento, reproducirnos y mantener una serie de actividades que requieren mucha energía. Cada uno utiliza las fuentes de energía, necesarias para el mantenimiento de su organización y ordenamiento interno, acordes a sus necesidades y disponibilidad de recursos. Los seres orgánicos somos dinámicos consumidores de una gran energía, en nuestra efímera existencia.

La Tierra en sus respuestas es lenta, según nuestra escala de tiempo, pero estas son prolongadas y persistentes, acordes a su diseño. Sus requerimientos energéticos son diferentes y en general comparada con los seres orgánicos, consume menos energía a lo largo de su dilatada vida.

Los seres vivos se pueden reproducir, aunque esta cualidad no es necesariamente obligatoria en todos, si lo es en los más aptos y proclives a esta actividad. La Tierra ya lo hizo en su juventud, cuando, por cierto, se está más pletórico de energía para dar una parte de ella a la descendencia.

La Luna es hija de la Tierra nacida de sus entrañas por medio del impacto y penetración en su interior (¿fecundación?) de un Planeta del tamaño de Marte.

Los seres vivos sienten la energía de su medio exterior. Y ¿que nos hace pensar que la Tierra no? Oleadas de radiaciones de energía, diferentes de la luz visible, llegan a la Tierra procedentes del Sol en forma de Plasma Solar, y aunque la barrera del campo magnético les impide contactar directamente con ella en su totalidad, una parte de esta oleada energética entra por los polos, ocasionando los espectáculos luminosos y energéticos más grandiosos de la Tierra: las Auroras Polares. Cuando se ven las auroras desde el espacio uno puede sentir que la Tierra "siente esa energía". Es un sentimiento, como lo es el sentimiento que la Tierra nos transmite a todos los seres que por un momento paramos nuestro frenético dialogo interior y contemplamos un gran paisaje al amanecer o atardecer, las horas donde podemos sentir con mejor claridad nuestro vínculo con la Tierra, el Sol y Universo.

Los científicos aún no saben explicar cómo pueden percibir o sentir las plantas, que no poseen células neuronas asociadas en complejos sistemas nerviosos como los animales y sin embargo, una sencilla y bella flor de orquídea, puede imitar el aspecto de una avispa hembra tan perfectamente, que engaña al macho de esta especie hasta confundirlo, de tal manera, que al intentar realizar el acto sexual con ella provoca, que en su frenético movimiento de intento de cópula, se impregne de los sacos polínicos de la orquídea y estos queden pegados en su cuerpo en la posición idónea, para cuando vaya a intentarlo con la próxima orquídea disfrazada, realice lo que la planta le pide y ella no puede por sí misma, la polinización y fecundación.

Ejemplos de mimetismos en plantas que carecen de órganos de los sentidos, son inexplicables para la ciencia muy polarizada por el sentir del mundo animal, e incapaz de atreverse a investigar fuera de ese marco otras manifestaciones del sentir o percibir la energía externa en donde no estén implicadas neuronas.

Todos los seres humanos podemos sentir y ver el Universo que nos rodea con "ojos y corazón de poeta", de una u otra manera. Solo hay que recordar cómo nos maravillábamos cuando éramos niños con todo lo que nos rodeaba, como dotábamos de admiración el misterio de la Vida en sus múltiples manifestaciones, misterio que de adultos no hemos resuelto, y nuestra vida sigue envuelta en ese halo que había entonces. Lo que por desgracia hemos perdido es nuestra capacidad de asombro y admiración, y ahí está el reto. Ese mirar es muy importante volverlo a sentir. Estamos en una encrucijada en el camino de la evolución, donde la extinción es una muy posible opción final.

Nuestra muerte como especie no va alterar el rumbo del Universo ni de la propia Tierra, pero creo que sobrecogería a este maravilloso planeta con un halo de tristeza, el ver como uno de sus hijos más "inteligentes" que ha llevado instrumentos científicos para observar y comprender, a los confines del Sistema Solar, que ha visitado con sus máquinas los grandiosos planetas de Júpiter, de Saturno, e incluso el más lejano y misterioso Plutón, y a sus fabulosos sistemas de satélites, a miles de millones de kilómetros, en el inmenso espacio exterior, desaparezca de su faz por culpa de su propia estupidez.

De los misterios del Universo que más me intrigan es el comprender como pueden coexistir tanta inteligencia, tanto sentimiento y tanta estupidez, en el ser humano. Las dos primeras nacemos con ellas, cada cual, con su cantidad correspondiente, al última la vamos adquiriendo a lo largo de nuestra vida, casi consustancial al aumento del grado de entropía. Pero con una gran diferencia: la entropía al final nos vence, a la estupidez al final nosotros podemos vencerla.

Un Alcornoque y un Pino han crecido juntos y cooperan para sobrevivir de
manera ejemplar

Un Alcornoque y un Pino, crecieron juntos, jugando.
Con la lluvia y el Viento continuaron, danzando.
El Sol y las estrellas les hacían crecer, brillando.
Al día de hoy aún juntos: luchando, amando, soñando.

CONSIDERACIONES FINALES

Otra Manera De Ver Y Sentir La Vida, La Tierra Y El Universo

Los seres humanos llevan tiempo buscando Vida fuera de la Tierra. Tenemos el concepto de la Vida muy influenciado por lo que vemos a nuestro alrededor. Es normal y lógico. Pero cuando ampliamos la vista al Universo que nos rodea y vemos la inmensidad de este, el dotar a la Vida de la única cualidad de parecerse a la nuestra empequeñece a la propia Vida. Lo primero que deberíamos de ponernos de acuerdo es en unificar el concepto de Vida.

La Vida en los últimos tiempos nos ha roto todos los marcos que habíamos creado para definirla y encuadrarla. El descubrimiento de los Virus nos rompió el esquena de células con las tres cualidades de la vida: nutrición, reproducción y relación. La mal llamada enfermedad de las "Vacas Locas", nos volvió a romper el esquema de que la vida debía de ser propagada a través de los ácidos nucleicos, pudiendo las proteínas (priones) transmitir cualidades vitales a otras células. Y aún no hemos escudriñado, ni siquiera los alrededores de nuestra estrella, el Sistema Solar. En un Universo de miles de millones de Galaxias, que a su vez contienen cada una, miles de millones de estrellas como el Sol, que la Vida tenga un solo patrón, el conocido por nosotros empequeñece no solo al concepto de Vida, sino al propio Universo.

Considero a la Ciencia y a su método como los instrumentos que han llevado a la Humanidad a su mayor estado de bienestar tecnológico conocido y al conocimiento de nuestros alrededores como difícilmente se había podido imaginar.

La llegada del método científico con los astrónomos del siglo XV, Kepler, Copérnico, Galileo y posteriormente Newton y Einstein nos han traído hasta a donde estamos ahora, pero la Humanidad occidental evoluciona cerrando puertas en cada etapa, es decir, cuando descubre un camino, cierra la puerta con "cerrojo de siete vueltas" al camino anterior, sin utilizar los conocimientos básicos anteriores.

Así hemos eliminado milenios y siglos de conocimiento de algunas civilizaciones anteriores, que veían el mundo de otra manera, pero que les funcionaba, dotando a sus miembros de una salud y longevidad difícil de entender actualmente, con la mentalidad y dependencia a los instrumentos tecnológicos actuales. Es muy significativo el comprobar cómo unas civilizaciones tan racionales en sus observaciones, deducciones y en sus obras de ingeniería, como los Griegos y Romanos, convivieran con la aceptación de que la Tierra era un "ser vivo", divinizada por su magnificencia y su poder. Esta divinidad no solo afectaba a la Tierra, sino a todos sus hermanos planetarios conocidos, siendo Júpiter el máximo Dios de los romanos, al que por cierto le debe la Vida en la Tierra una gran parte de su evolución, pues con su inmensa gravedad, atrajo hacia él, evitando la colisión con la Tierra, innumerables asteroides, en épocas pasadas y posiblemente en estas también: ¿Qué hubiera pasado si el cometa Shoemaker-Levi 9, no hubiera impactado con este planeta en 1994, produciendo nubes y manchas en la superficie de Júpiter más grandes que la propia Tierra?.

La Ciencia actual está muy polarizada por sus magníficos descubrimientos en cuanto a la expresión y manifestación de la Vida: ADN, ARN e ingeniería genética, son una expresión de dichos descubrimientos. Pero sigue sin profundizar en la esencia de la propia Vida. Que la Vida se exprese a través de unos maravillosos procesos químicos, no significa que la vida se reduzca a ser una sucesión de reacciones químicas, puesto que dichas reacciones químicas, que tan bien conoce la ciencia, son incapaces de crear Vida por sí solas. Estas bellas reacciones expresan como se manifiesta y expresa la Vida.

Sin embargo, la Vida trasciende el proceso físico y puede expresarse de otras maneras que nuestra forma de investigar no sabe aún entender, porque no se ha propuesto hacerlo. Investigar con rigor el propósito de la Evolución y sus mecanismos, la profundidad de la mente humana y el comportamiento animal y vegetal, trascendiendo lo puramente físico y químico, para descubrir nuevas formas de expresión de la Vida, es uno de los retos que la Humanidad tiene por delante.

El misterio de la Vida y de la Existencia no es un juego de "dados cósmicos", como hasta ahora nos han querido hacer ver las teorías científicas materialistas, que dominaron en la última mitad del siglo pasado. Para cualquiera que se maraville de la contemplación de ese misterio, el Universo tiene un propósito que se nos escapa comprender, pero que nos manifiesta continuamente con una fuerza tremenda, lo unido y enlazado que está todo lo que existe: la Vida, La Tierra, el Sol, los Planetas, las Estrellas.

Demostrar no es lo mismo que constatar hechos. La ciencia demuestra, la experiencia constata, ambas son caminos del Conocimiento. Si solo nos creyéramos lo que podemos demostrar, que exiguo seria nuestro inventario de creencias. Hay formas de Conocimiento que nos llevan a descubrir y luego constatar con objetividad lo descubierto a fin de incorporarlas en nuestro acervo de conocimientos. Así surgen los "refranes populares", las leyendas, los cuentos populares que se basan en sabias reglas de observación, a veces de constatación y casi siempre, didácticos con profundas enseñanzas.

Una leyenda Cherokee cuenta que:

> *"Una vez se reunieron los animales del bosque para decidir qué postura tomar ante la creciente actividad cazadora del hombre. Decidieron que dada su "inteligencia" no se opondrían, pero solo le imponían una condición, que "respetara" a los animales que fuera a cazar hasta en la muerte y, si no fuera así, cada animal le trasmitiría una enfermedad".*

- Hoy día la primera causa de muerte en las sociedades ricas es el "infarto de miocardio", la mayoría de las veces producido por un exceso de colesterol, del que la carne del cerdo blanco es rica, siendo esta carne la base de muchos alimentos elaborados y consumidos en esas sociedades. Las condiciones de cría del cerdo blanco, en pocilgas y habitáculos donde apenas se pueden mover y revolcados en sus excrementos, denota muy poco respeto por un animal que permite vivir a los seres que alimenta.
- La gripe o influenza porcinas, como la llaman en México, es una gran manifestación del presagio de esta leyenda del gran pueblo Cherokee.
- La llamada "enfermedad de las vacas locas", fue producida por una proteína mutante que se originaba en animales que eran alimentados con los despojos y vísceras de sus propios congéneres.
- La "gripe aviar" puede originar una pandemia de consecuencias incalculables, Y ¿Como se crían la mayoría de las aves que nos suministran los huevos y su carne? Enjauladas en espacios donde no pueden ni extender sus alas, impidiéndoles dormir y descansar, con luz las 24 horas para que la productividad sea máxima.

Cuando reescribo estas líneas, la Humanidad está medio confinada y traumatizada por una de las epidemias más grandes de los últimos tiempos. Un virus animal, Coronavirus (Covid-19), ha aparecido provocando una pandemia de proporción mundial. Es un virus que procede de uno de los muchos animales a los que les aliviaría bastante, si la humanidad desapareciera de la faz de la Tierra. Hoy día tenemos pocos amigos entre los habitantes de este maravilloso planeta.

¿Respetamos y damos un trato digno a los animales que vamos a sacrificar para que nosotros podamos vivir?

¿Que necesita la Ciencia para constatar la "veracidad" de la leyenda Cherokee? ¿Cuánto sufrimiento se le deben infligir a los animales, plantas y seres humanos para comprobar que tratando a la Vida con desprecio e indignidad no podemos continuar?

La gran rigurosidad, objetividad y coherencia con la que razona el método científico es una cualidad que se debería aplicar a la constatación de experiencias, para dotar a este instrumento de un marco objetivo y evitar la superstición y superchería que por desgracia acompaña a todo conocimiento no científico.

Hay una forma de conocimiento que la ciencia por más que quiera no puede abarcar, es el Arte. La música, la poesía, la pintura, la danza nos conectan con cualidades del Universo, con su vibración, con su mística belleza, o con su color, luz y formas, de una manera universal. El Arte es universal y todos los humanos que lo contemplamos, sentimos de una u otra manera el vínculo que sentía el artista con el Universo.

Es difícil unir Ciencia y Arte, pero no imposible, pues al fin y al cabo ambas en esencia, buscan lo mismo: la primera utiliza su método para conocer y explorar el mundo que nos rodea, la segunda el Sentimiento para dar a conocer también, cualidades de ese mundo.

El sentimiento es una cualidad del Universo que poseemos todas las criaturas vivas en mayor o menor grado. Este sentimiento nos lleva a conectar con los todos los seres vivos sin utilizar palabras, a sentir sus miedos, sus alegrías, sus amores, sus tristezas. Es algo que todos hemos experimentado alguna vez, con nuestros amigos, parejas, hijos, o animales de compañía y plantas. Llevo años constatando como las plantas que viven en hogares de armonía y cariño entre sus moradores, se expresan con más vitalidad y florecen mejor que las que se encuentran en hogares con ambientes hostiles, de desamor entre sus miembros.

La Tierra también nos transmite el Sentimiento, a través de la contemplación de un gran Paisaje, de un Volcán, del Viento, de una

Tormenta, del Océano, y en general de todas sus manifestaciones energéticas y de singular belleza.

Indagando reflexivamente, como solo el Ser Humano sabe hacerlo, podemos ver (sentir) nuestra conexión con la Tierra y el Universo, como una conexión mágica, inexplicable, que siempre nos puede sorprender y maravillar, porque estamos inmersos en el Misterio Insondable de la Existencia, pero, y ahí está el coraje del ser humano que no se rinde intentando descifrar ese Misterio.

No podemos seguir intentado descifrar misterios rompiendo el objeto para ver de que está hecho, como hasta ahora la ciencia ha funcionado en la mayoría de las veces, porque el objeto a estudiar y descifrar es la propia Tierra, nuestro asiento y matriz. Debemos emplear otro método para seguir intentando descifrar los misterios que nos rodean. Un método riguroso, con sus partes coherentemente ligadas, y la constatación, como elemento fundamental de análisis y verificación, pero sobre todo con el Sentimiento de profundo afecto y respeto por la Vida y la Tierra.

El Sentimiento del Universo convive también con la implacabilidad con la que este expresa otra de sus cualidades: la depredación y la muerte. El Universo es depredador y la muerte acecha por doquier, siendo necesaria para que otros podamos vivir. Forma un elemento de evolución que da a la Vida enormes cualidades desarrollando su ingenio y astucia en la búsqueda de la supervivencia y curiosamente haciendo que se valores aún más la Vida. Este contraste de cualidades del Universo nos debe hacer verlo sin juzgarlo, sin desnaturalizar ese sentimiento al convertirlo en pena o lastima, que solo sirven para quitarle el Poder con el que se expresa la Vida, la Existencia y la Evolución.

El Universo que entiendo y observo está lleno de belleza, de vida y de muerte, donde sus partes están conectadas de una manera mucho más fuerte de lo que la ciencia me enseña. Hace poco soñé que impartiendo clases a mis alumnos les transmitía la razón de la existencia del Universo, razón que veía con una claridad asombrosa. Cuando desperté escribí lo que veía de esta manera:

El Universo existe porque "tiene Ganas de existir" y sus Ganas son tan poderosas que se ejecutan con pasión: "Pasión por Existir". Desde el liviano hidrógeno, tenue aliento del Espíritu Creador, hasta el pesado uranio expresan la "Pasión por Existir" de las estrellas. En algunas grandes estrellas la "Pasión por Existir" es tan intensa, que en su interior se crean todos los átomos posibles, que al morir y ser lanzados al espacio transmiten la energía vibratoria de su nacimiento: esa "Pasión por Existir", creando nuevas estrellas y expandiendo la "Existencia" por el Universo.

Pero este Universo estaría falto de la otra mitad sí solo expresara su Existencia. Cuando las grandes estrellas "explotan" y expanden la Existencia, en su interior su núcleo "implota", creando la oscuridad, la nada, el "No-Existir", y también lo hace con pasión: "Pasión por No-Existir". La lucha de ambos: Existir y No-Existir por dominar, "echa a andar al Universo" y genera su evolución y destino. Hubo un momento, que no un tiempo, en que ambos estuvieron unidos: Existir y No-Existir fundidos en Uno, formando la Singularidad. Pero su energía y vibración eran tan intensas y sus "Ganas de Ser" tan fuertes que estallaron, dando comienzo al tiempo y, llenando el vacío espacio de "Ganas de Existir", de "Pasión", de "Poder" de "Vida" y de "Muerte", bailando una Danza Cósmica que se presume Eterna.